JN142720

Modern C++チャレンジ

C++17プログラミング力を鍛える100問

Marius Bancila 著
黒川 利明 訳
島 敏博 技術監修

The Modern C++ Challenge

Become an expert programmer by solving real-world problems

Marius Bancila

BIRMINGHAM - MUMBAI

日本語版まえがき

オライリー・ジャパンが日本の読者のニーズに合わせる努力をして、赤池涼子さん編集のもと、この本の日本語版を出版してくれることを私は非常に嬉しく思っております。

『Modern C++チャレンジ』では新しいISO/IEC 14882:2017 C++標準、通称C++17を反映しています。この最新のC++標準は産業界が必要とする実用的な機能を多数提供しています。

高信頼性ソフトウェアへの要望が強いことから、オライリー・ジャパンは日本語版においてISO/IEC C++標準だけでなく、独立行政法人情報処理推進機構ソフトウェア高信頼化センター（IPA/SEC）が発行した「組込みソフトウェア開発向けコーディング作法ガイド」（ESCR）も反映することを決定しました。その結果、翻訳者の黒川利明、技術監修者の島敏博両氏は、本文と解答のコードを私と連絡を取りながら細かくチェックして修正してくれました。頻繁に行われた有用な連絡から見ても、この翻訳版が元の英語版よりも優れているのは間違いないと確信しています。

関係者全員の努力に感謝するとともに、業界と学会の両方でC++が重要な役割を果たし続けることから、日本語を使う多くのプログラマにとってこの本が役立つことを願っています。

2018年11月
Marius Bancila

まえがき

C++は、オブジェクト指向、命令型、ジェネリック（総称型）、関数型プログラミングなどのさまざまなパラダイムを組み合わせた汎用のプログラミング言語です。C++は効率を重視して設計されており、パフォーマンスが重要なアプリケーションでは主要な選択肢になっています。過去数十年にわたり、産業界、学術、その他で最も広く使われるプログラミング言語の1つです。C++は、2020年完成予定のC++20という次バージョンの標準に取り組んでいてISO（国際標準化機構）によって標準化されています。

言語仕様書が1,500ページを超えるため、C++は学習・習得が簡単な言語ではありません。スキルというものは、書籍などを読んだり、他の人がやっているのを見ただけでは身に付かず、実際に使う経験を何度も重ねて初めて身に付くものです。プログラミングスキルも同じです。開発者は、書籍や記事を読んだり、ビデオチュートリアルを見るだけで新しい言語や技術を学ぶことはできません。学んだことを身に付け、新しいものを生み出せるよう練習を繰り返す必要があります。残念ながら、多くの場合、自分の知識を試すのに適切な練習問題はなかなか見つからないものです。さまざまなプログラミング言語について、問題を掲げたWebサイトが多数ありますが、ほとんどが、数学の問題、アルゴリズム、あるいは、学生の競技用のものです。この種の問題は、プログラミング言語のさまざまな機能を練習するのに役立ちません。そんなときに、本書が役立ちます。

本書は、C++言語および標準ライブラリの機能だけでなく、多くのサードパーティのクロスプラットフォームのライブラリを練習できるように設計された実世界の問題を100問集めたものです。しかし、これらの問題でC++特有なのはわずかで、他のプログラミング言語でも解けるものです。もちろん、本書の目的はC++を習得することにあり、読者が問題をC++で解くことを期待しています。本書の解答はすべてC++で書かれています。本書を他のプログラミング言語を学ぶ際に問題集として参照することはできますが、その場合には、得られるものは限られるでしょう。

本書の問題は12の章に分かれています。各章には類似する、あるいは関連するトピックに関する問題が収められています。問題の難易度もさまざまです。やさしい問題、中程度の問題、難しい問題があります。難易度ごとに問題数が同じになるようにしました。各章は、問題の提示から始まります。解答では、問題に対して、さまざまな推奨、説明、そしてソースコードを示します。本書に解答を示していますが、読者にはまず自分で解を実装したあと、または実装を完了するのが難しかった場合に、解答を読むことをお勧めします。本書で示すソースコードには1つ欠けているものがあります。インクルードヘッダです。読者が自分で適切なヘッダを考えるように、わざとヘッダを付けてありません。ただし、本書付属のソースコードは完全で、必要なヘッダが付けてあります。

本書執筆時点では、C++20標準は作業中であり、完成までにまだ数年かかりそうです。いくつかの機能については決定済みで、そのうちの1つは、カレンダーとタイムゾーンを備えたchronoライブラリです。このトピックに関しては5章で取り上げ、サポートするコンパイラはまだないのですが、dateライブラリを使って解くことができます。標準への提案はこのライブラリに基づいたものでした。他にも多くのライブラリが、本書の問題を解くのに使われます。Asio、Crypto++、Curl、NLohmann/json、PDF-Writer、PNGWriter、pugixml、SQLite、ZipLibなどです。また、本書で使っているstd::optionalおよびfilesystemライブラリがない場合は、代わりにBoostライブラリを使うことができます。これらのライブラリはすべて、オープンソースでクロスプラットフォームです。これらは、性能、ドキュメント、コミュニティでの広範な使用実績という理由で選びました。しかし読者は問題を解くために他のライブラリを選んで構いません。

想定読者

読者はC++を学んでいて、学んだことを練習する問題を探しているところでしょうか。それなら本書は最適です。本書は、他のプログラミング言語の経験の有無に関わらず、C++を学習する人が、実世界の問題に取り組んだり実際に役立つ練習をするためのものです。本書は、言語仕様や標準ライブラリの機能を教えるものではありません。それらは、書籍、記事、ビデオチュートリアルなどで学ぶものと想定しています。本書は、読者の学習の支えとなり、さまざまな難易度の問題を、読者がそれまでに学び身に付けたスキルを活用して解くようサポートするものです。そうは言っても本書の問題の多くはプログラミング言語には依存しないので、他のプログラミング言語を学ぶときにも使うことができます。ただし、その場合には、解答から得られるものは限られるでしょう。

本書の概要

1章　数学の問題

次章以降で扱う、より難しい問題の前のウォーミングアップとして、数学の問題を解きます。

2章　言語機能

演算子オーバーロード、ムーブセマンティクス、ユーザ定義リテラルおよび可変長引数関数、畳み込み式、型traitsなどのテンプレートメタプログラミングという問題を解きます。

3章　文字列と正規表現

文字列と他のデータ型との変換、文字列の分割と結合、正規表現の処理のような文字列操作の問題を解きます。

4章　ストリームとファイルシステム

出力ストリーム操作、C++17のfilesystemライブラリを使ったファイルとディレクトリの処理という問題を解きます。

5章　日付と時間

C++20で拡張されるchronoライブラリに備えて、この提案の元になったdateライブラリを使ってカレンダーやタイムゾーンの問題を解きます。

6章　アルゴリズムとデータ構造

一番長い章で、既存の標準的なアルゴリズムを活用する問題、あるいは、リングバッファや優先度付きキューのような自分で汎用のアルゴリズムやデータ構造を実装しなければいけないようなさまざまな問題を解きます。この章の最後で、Dawkinsのイタチプログラムや Conwayのライフゲームのような進化的アルゴリズムやセル・オートマトンについての面白い問題を解きます。

7章　並行処理

スレッドおよび非同期関数を使って汎用並列アルゴリズムを実装し、並行処理を含む実世界の問題も解きます。

8章　デザインパターン

デコレータ（Decorator）、コンポジット（Composite）、責任のたらい回し（Chain of Responsibility）、テンプレートメソッド（TemplateMethod）などといったデザインパターンで解くのに適した一連の問題を提示します。

9章　データシリアライゼーション

シリアライズされたデータ、JSON、およびXMLの最も一般的なフォーマットに取り組みます。サードパーティのオープンソース、クロスプラットフォームライブラリを用いてPDFファイルを作るという問題にも取り組みます。

10章　アーカイブ、画像、データベース

Zipアーカイブを取り扱う問題、Captchaのようなシステムやバーコードのような現実の問題としてPNGファイルの作成、アプリケーション作成におけるSQLiteデータベースの埋め込みと活用を教えます。

11章　暗号

データの暗号化や署名にCrypto++ライブラリがどのように使えるかを示しますが、自分でBase64符号化や復号を実装するという問題にも挑戦します。

12章　ネットワークとサービス

TCP/IPで通信するクライアント・サーバアプリケーションを自分で実装し、ビットコインの交換レートやテキスト翻訳APIなどのさまざまなRESTサービスを使いこなすという問題を扱います。

本書を活用するために

既に述べたように、本書活用にはC++言語と標準ライブラリをよく知っているか、本書と同時に学習する必要があります。本書は、問題を解決するにはどうすればよいかを教えるもので、言語仕様や解法において使われる機能を教えるものではありません。C++17をサポートするコンパイラが必要です。Packtのサポートページの「Code Downloads & Errata」でダウンロードした付属のコードを含めたTheModernCppChallenge_Codeフォルダの中にある「Software Hardware list」には、必要なライブラリの一覧と利用可能なコンパイラのリストがあります。本書付属のコードをビルドする方法の詳細は次節以降で述べます。

サンプルコードファイルのダウンロード

本書の問題の解答のコードファイルは、GitHubとPacktのサポートページ（登録が必要）から入手できます。

GitHub

https://github.com/PacktPublishing/The-Modern-Cpp-Challenge

Packtのサポートページ

https://www.packtpub.com/books/content/support/32848

コードのビルド

本書では多数のサードパーティライブラリを使っていますが、これらのライブラリや本書の解答すべてがクロスプラットフォームですので、どのプラットフォームでも動作します。コードの開発とチェックは、Windows 10のVisual Studio 2017 v15.6/7とMac OS 10.13.xのXcode 9.3で行いました。

Mac上でXcodeを使っている場合、XcodeのLLVMツールセットに含まれていない次の機能を本書で使っています。`filesystem`ライブラリと`std::optional`です。これらは`Boost.Filesystem`と`Boost.Optional`ライブラリに基づいて設計され、解法で使われる標準ライブラリはBoostライブラリと互換性があります。実際、コード例はどちらでも動くようになっています。どちらを使うかはマクロで制御できます。ビルドに際しての注意は以下にもありますが、ソースアーカイブでも同様の情報が得られます。

さまざまなプラットフォームで開発環境とビルドシステムをサポートできるように、コードにはCMakeスクリプトが含まれています。読者のツールセットでプロジェクトやビルドスクリプトを作るために使えます。もし、CMakeがマシンに入っていないなら、https://cmake.org/から入手できます。次節ではCMakeを使ってVisual StudioとXcodeのスクリプトを作る方法を示します。他のツールについては、必要に応じてCMakeのドキュメントを参照してください。

Visual Studio 2017のプロジェクト作成

x86プラットフォームでVisual Studio 2017のプロジェクトは、次の手順で作成します。

1. コマンドプロンプトで、ソースコードのルートフォルダのbuildディレクトリに移動する。

2. 次のCMakeコマンドを実行する。

```
cmake -G "Visual Studio 15 2017" .. -DCMAKE_USE_WINSSL=ON
-DCURL_WINDOWS_SSPI=ON -DCURL_LIBRARY=libcurl
-DCURL_INCLUDE_DIR=..\libs\curl\include -DBUILD_TESTING=OFF
-DBUILD_CURL_EXE=OFF -DUSE_MANUAL=OFF
```

3. 完了後、Visual Studioソリューションが`build/cppchallenger.sln`にできる。

x64プラットフォームをターゲットにする場合、`"Visual Studio 15 2017 Win64"`というジェネレータを使います。Visual Studio 2017 15.4は、`filesystem`（実験的ライブラリとして）と`std::optional`の両方をサポートします。古いバージョンを使っている場合や、Boostライブラリを使いたい場合には、Boostを正しくインストールしたあとで次のコマンドを実行します。

```
cmake -G "Visual Studio 15 2017" .. -DCMAKE_USE_WINSSL=ON
-DCURL_WINDOWS_SSPI=ON -DCURL_LIBRARY=libcurl
-DCURL_INCLUDE_DIR=..\libs\curl\include -DBUILD_TESTING=OFF
-DBUILD_CURL_EXE=OFF -DUSE_MANUAL=OFF -DBOOST_FILESYSTEM=ON
-DBOOST_OPTIONAL=ON -DBOOST_INCLUDE_DIR=<path_to_headers>
-DBOOST_LIB_DIR=<path_to_libs>
```

ヘッダや静的ライブラリファイルのパスのあとにバックスラッシュ（\）を付けないようにしてください。

Xcodeのプロジェクト作成

12章の解法には`libcurl`ライブラリを使います。SSLサポートのために、このライブラリをOpenSSLライブラリとリンクする必要があります。OpenSSLは次の手順でインストールします。

1. ライブラリをhttps://www.openssl.org/からダウンロードする。
2. 解凍して、ルートディレクトリに移動する。
3. 次のコマンド（この順に）を実行してライブラリをビルドしてインストールする。

```
./Configure darwin64-x86_64-cc shared
enable-ec_nistp_64_gcc_128 no-ssl2 no-ssl3 no-comp
--openssldir=/usr/local/ssl/macos-x86_64

make depend

sudo make install
```

XcodeのClangでstd::optionalとfilesystemライブラリが使えるようになるまでは、Boostを使う必要があります。Boostライブラリのインストールとビルドは次のようにします。

1. https://brew.sh/からHomebrewをインストールする。
2. 次のコマンドを実行してBoostのダウンロードとインストールを行う。

   ```
   brew install boost
   ```

3. インストール後、/usr/local/Cellar/boost/1.65.0などにBoostライブラリがある。

ソースからXcodeのプロジェクトを作るには次のようにします。

1. ターミナルを開いて、ソースコードのルートディレクトリのbuildディレクトリに移動する。
2. 次のCMakeコマンドを実行する。

   ```
   cmake -G Xcode .. -DOPENSSL_ROOT_DIR=/usr/local/bin
   -DOPENSSL_INCLUDE_DIR=/usr/local/include/ -DBUILD_TESTING=OFF
   -DBUILD_CURL_EXE=OFF -DUSE_MANUAL=OFF -DBOOST_FILESYSTEM=ON
   -DBOOST_OPTIONAL=ON
   -DBOOST_INCLUDE_DIR=/usr/local/Cellar/boost/1.65.0
   -DBOOST_LIB_DIR=/usr/local/Cellar/boost/1.65.0/lib
   ```

3. 完了後、Xcodeプロジェクトがbuild/cppchallenger.xcodeprojにできる。

本書の表記法

本書では次のような表記法を使います。

等幅（CodeInText）

本文中のコード、データベースのテーブル名、フォルダ名、ファイル名、ファイル拡張子、パス名、ダミーURL、ユーザ入力、Twitterのハンドルを表します。次のように使います。「ダウンロードしたWebStorm-10*.dmgディスクイメージファイルをシステムの別のディスクにマウントする」

コードブロック

次のように表します。

```
int main()
{
```

```
    std::cout << "Hello, World!" << std::endl;
}
```

等幅太字

コードブロック内で注意を喚起したい場合にはその部分を太字にします。

```
template<typename C, typename... Args>
void push_back(C& c, Args&&... args)
{
   (c.push_back(args), ...);
}
```

コマンドライン入出力は次のように書きます。

```
$ mkdir build
$ cd build
```

ゴシック、ボールド

新しい用語、重要な用語、または画面上に表示される単語を示します。

注意や重要なことがらを示します。

ヒントを示します。

練習問題です。

問い合わせ先

本書に関するご意見、ご質問などは、出版社にお送りください。

株式会社オライリー・ジャパン

電子メール japan@oreilly.co.jp

本書には、正誤表や追加情報を掲載したWebサイトがあります。

https://www.oreilly.co.jp/books/9784873118697/

目次

8章　デザインパターン……139

9章　データシリアライゼーション……169

1章
数学の問題

問題

問題1 3または5で割り切れる正の整数の総和

与えられた上限までの3または5で割り切れる正の整数の総和を計算して出力するプログラムを書きなさい。

問題2 最大公約数

与えられた2個の正の整数の最大公約数を計算して出力するプログラムを書きなさい。

問題3 最小公倍数

与えられた2個以上の正の整数について、その最小公倍数を計算して出力するプログラムを書きなさい。

問題4 与えられた正の整数より小さい最大の素数

与えられた正の整数より小さい最大の素数を計算して出力するプログラムを書きなさい。

問題 5 セクシー素数

与えられた上限までのセクシー素数（差が6の素数の組）をすべて出力するプログラムを書きなさい。

問題 6 過剰数

与えられた上限までのすべての過剰数（約数の総和がその数の2倍より大きい）とその過剰を出力するプログラムを書きなさい。

問題 7 友愛数

1,000,000より小さいすべての友愛数のペアを出力するプログラムを書きなさい。

問題 8 アームストロング数

3桁のアームストロング数（ナルシシスト数）を出力するプログラムを書きなさい。

問題 9 素因数分解

与えられた正の整数の素因数分解を出力するプログラムを書きなさい。

問題 10 グレイコード

2進表記で5ビットのすべての数について、2進表現、グレイコード表現、グレイコード復号値を出力するプログラムを書きなさい。

問題 11 ローマ数字に変換

与えられた数をローマ数字で表して出力するプログラムを書きなさい。

問題 12 最長コラッツ数列

100万までの数で、最長コラッツ数列になる数とその数列の長さを求めるプログラムを書きなさい。

問題13 πの計算

π（円周率、PIと書く）の値を小数第2位までの精度で計算するプログラムを書きなさい。

問題14 ISBNの検証

文字列として与えられた10桁の値が、10桁のISBN-10番号として正しいかどうか検証するプログラムを書きなさい。

解答

解答1 3または5で割り切れる正の整数の総和

この問題の解法は、3から（1と2は3で割り切れないから飛ばします）与えられた上限まで、すべての数を反復処理することです。剰余演算子で、3と5で割った余りが0か調べます。大きな上限まで加算するためには、変数sumの型にintやlongではなくlong longを使うのがコツです。そうでないと、ループカウンタが100,000になる前にオーバーフローします。

```
int main()
{
   unsigned int limit = 0;
   std::cout << "Upper limit:";
   std::cin >> limit;

   unsigned long long sum = 0;
   for (unsigned int i = 3; i < limit; ++i)
   {
      if (i % 3 == 0 || i % 5 == 0)
         sum += i;
   }

   std::cout << "sum=" << sum << std::endl;
}
```

解答 2　最大公約数

2つ以上の0でない整数の最大公約数（gcd, greatest common divisor）は、英語でgreatest common factor（gcf）、highest common factor（hcf）、greatest common measure（gcm）、highest common divisor（hcd）とも呼びますが、それらすべての数を割り切ることができる最大の正の整数です。gcdの計算にはいくつかの方法がありますが、ユークリッドの互除法が効率的です。2つの整数の場合、アルゴリズムは次のようになります。

```
gcd(a,0) = a
gcd(a,b) = gcd(b, a mod b)
```

これは、再帰関数を使ってC++で簡単に実装できます。

```
unsigned int gcd(const unsigned int a, const unsigned int b)
{
   return (b == 0) ? a : gcd(b, a % b);
}
```

ユークリッドの互除法の非再帰実装は次のようになります。

```
unsigned int gcd(unsigned int a, unsigned int b)
{
   while (b != 0)
   {
      unsigned int r = a % b;
      a = b;
      b = r;
   }

   return a;
}
```

C++17には、ヘッダ<numeric>の中に、2つの数の最大公約数を計算するconstexpr関数gcd()があります[*1]。

---

*1　訳注：constexpr指定子は、関数または変数がコンパイル時に評価できるという宣言。constexpr関数はコンパイル時と実行時、両方で呼び出せる関数（C++11）。

最小公倍数

2つ以上の0でない整数の**最小公倍数**（lcm：least common multiple）は英語でlowest common multiple、またはsmallest common multipleとも呼びますが、それらすべての数で割り切れる最小の正の整数です。最小公倍数を計算する1つの方法は、最大公約数の問題に帰着させることです。次の公式が成り立ちます。

```
lcm(a, b) = abs(a*b) / gcd(a, b)
```

最小公倍数を計算する関数は次のようになります。

```
unsigned int lcm(unsigned int const a, unsigned int const b)
{
   unsigned int h = gcd(a, b);
   return h ? (a * (b / h)) : 0;
}
```

3つ以上の整数の最小公倍数を計算するには、ヘッダ<numeric>で定義されているstd::accumulateアルゴリズムが使えます。

```
template<class InputIt>
int lcmr(InputIt first, InputIt last)
{
   return std::accumulate(first, last, 1, lcm);
}
```

C++17には、ヘッダ<numeric>の中に、2つの数の最小公倍数を計算するconstexpr関数lcm()があります。

与えられた正の整数より小さい最大の素数

素数とは正の約数が1とそれ自身のみである正の整数です。与えられた数より小さい最大の素数を求めるには、まず数が素数かどうかを判定する関数を書きます。その関数を使って、与えられた数より1だけ小さい数から始めて、数を減らしながら素数かどうか調べます。最初の素数が最大の素数です。素数判定アルゴリズムは多数ありますが、次のような実装が一般的です。

```
bool is_prime(int const num)
{
   if (num <= 3)
   {
      return num > 1;
   }
   else if (num % 2 == 0 || num % 3 == 0)
   {
      return false;
   }
   else
   {
      for (int i = 5; i * i <= num; i += 6)
      {
         if (num % i == 0 || num % (i + 2) == 0)
         {
            return false;
         }
      }

      return true;
   }
}
```

この関数は次のように使います。

```
int main()
{
   int limit = 0;
   std::cout << "Upper limit:";
   std::cin >> limit;

   for (int i = limit; i > 1; i--)
   {
      if (is_prime(i))
      {
         std::cout << "Largest prime:" << i << std::endl;
         return 0;
      }
   }
}
```

解答5 セクシー素数

セクシー素数とは差が6（ラテン語でsex）の素数の組（例えば、5と11、13と19）です。他に差が2の**双子素数**、4の**いとこ素数**があります。

問題4では、素数かどうかを判定する関数を実装しました。この問題では、その関数を再利用します。数nと数n+6がともに素数であれば、その組を出力します。

```
int main()
{
   int limit = 0;
   std::cout << "Upper limit:";
   std::cin >> limit;

   for (int n = 2; n <= limit; n++)
   {
      if (is_prime(n) && is_prime(n + 6))
      {
         std::cout << n << "," << n + 6 << std::endl;
      }
   }
}
```

セクシー素数の3つ組、4つ組、5つ組も応用問題として試してみなさい。

解答6 過剰数

過剰数（abundant number, excessive number）は、真の約数の総和が元の数よりも大きくなる数です。真の約数とは、その数自身を除いた正の約数です。真の約数の総和からその数を差し引いた値を過剰と言います。例えば、12の真の約数は1, 2, 3, 4, 6で、その総和は16です。つまり12は過剰数で、4（= 16 − 12）が過剰です。

真の約数の総和を計算するにあたって、2からその数の正の平方根までの範囲にあるすべての数について、それが約数であるかどうか調べます（その数の素因数はすべてその数の正の平方根以下だからです）。つまり、iがnumの約数なら、num/iも約数です。ただし、iとnum/iが等しいときは（例えば、i=3, num=9）、真の約数は1つだけなので、iだけを足します。それ以外は、iとnum/iを足していきます。

```
int sum_proper_divisors(int const number)
{
   int result = 1;
   int  const root = static_cast<int>(std::sqrt(number));
   for (int i = 2; i <= root; i++)
   {
      if (number % i == 0)
      {
         result += (i == (number / i)) ? i : (i + number / i);
      }
   }

   return result;
}
```

ある数より小さいすべての過剰数を出力するのは簡単です。「ある数の真の約数の総和を計算して、それを元の数を比較する。」この処理をある数が上限になるまで順に繰り返します。

```
void print_abundant(int const limit)
{
   for (int number = 10; number <= limit; ++number)
   {
      if (auto sum = sum_proper_divisors(number); sum > number)
      {
         std::cout << number
                   << ", abundance=" << sum - number << std::endl;
      }
   }
}

int main()
{
   int limit = 0;
   std::cout << "Upper limit:";
   std::cin >> limit;

   print_abundant(limit);
}
```

解答 7 友愛数

一方の数の真の約数の総和がもう一方の数と等しくなり、互いにそうなるとき、その2つの数を友愛数（amicable numbers）と言います。真の約数とは、その数自身を除いた正の約数です。友愛数をフレンドリー数（friendly numbers）[*1]と混同してはいけません。例えば、220の真の約数は1, 2, 4, 5, 10, 11, 20, 22, 44, 55, 110でその総和は284。284の真の約数は1, 2, 4, 71, 142でその総和は220なので、220と284は友愛数です。

この問題の解法は与えられた上限まですべての数について繰り返し計算して、真の約数の総和を計算することです。その総和をsum1とすると、sum1の真の約数の総和も計算して、それが元の数と等しいかどうか調べます。等しければ、元の数とsum1は友愛数です。

```
void print_amicables(int const limit)
{
   for (int number = 4; number < limit; ++number)
   {
      if (auto sum1 = sum_proper_divisors(number); sum1 < limit)
      {
         if (auto sum2 = sum_proper_divisors(sum1); sum2 == number && number != sum1)
         {
            std::cout << number << "," << sum1 << std::endl;
         }
      }
   }
}
```

上のコードで、sum_proper_divisors()は**解答6**で定義しました。

上の関数は、友愛数を2回ずつ、例えば、220,284と284,220のように出力する。上の実装を修正して、一度だけ出力するようにしなさい。

---

*1 訳注：フレンドリー数とは、整数の組について、それぞれの数の正の約数の総和をその数で割った値の数が等しくなる数の組のこと。ある数nの正の約数の総和を$\sigma(n)$で表すと、$\sigma(n)/n$の値が共通な数の組を指す。例えば、6と28、30と140。https://en.wikipedia.org/wiki/Friendly_numberを参照。

解答 8 アームストロング数

Michael F. Armstrongにちなんだ[*1]アームストロング数はナルシシスト数、拡張完全数（plus perfect number）、拡張完全桁不変数（pluperfect digital invariant）という呼び名もありますが、ある数の桁数がnのとき、その数の各桁の数のn乗の総和が元の数と等しい数です。例えば、3桁の最小のアームストロング数は153で$1^3 + 5^3 + 3^3$と等しくなります。

3桁の数がアームストロング数かどうか調べるには、3乗して和を取る前にまず各桁の数の値を求めなければなりません。そのためには、除算と剰余演算が必要になりますが、これよりも高速な方法があります。それは、10のべき乗を使って数を生成するものです。言い換えると、1000までの数を`a*10^2 + b*10 + c`と表します。3桁の数に限っているので、`a`は1から始まります。除算や剰余演算より乗算のほうが速いので高速です。そのような関数の実装は次のようになります。

```
void print_narcissistics_1()
{
   for (auto a = 1; a <= 9; a++)
   {
      for (auto b = 0; b <= 9; b++)
      {
         for (auto c = 0; c <= 9; c++)
         {
            auto abc = a * 100 + b * 10 + c;
            auto arm = a * a * a + b * b * b + c * c * c;
            if (abc == arm)
            {
               std::cout << arm << std::endl;
            }
         }
      }
   }
}
```

桁数に関わらず上限までのアームストロング数を求める関数を書くのは練習問題にします。この関数は、各桁の数の列を求めてコンテナに格納し、各数字の桁数乗を計算して和を取らないといけないので、今回の関数より遅くなるでしょう。

---

*1 訳注：http://blog.deimel.org/2010/05/mystery-solved.htmlに解説がある。

解答9 素因数分解

正の整数の素因数とは、その整数の正の約数になる素数です（ある正の整数を素因数の積で表すことを素因数分解と言います）。例えば、8を素因数分解すると2×2×2になります。42の素因数分解は2×3×7です。素因数分解には次のようなアルゴリズムを使います。

1. nが2で割り切れるとき、2が素因数なので、2をリストに追加し、n/2の値をnに代入して、同じ処理を繰り返す。このステップが終わると、nは奇数となる。
2. 3からnの正の平方根まで次の処理を反復実行する。数をiとし、nがiで割り切れて、かつiが素数であれば、リストにiを追加し、n/iをnに代入して、処理を繰り返す。nがiで割り切れなければ、iを2増やして（これはiの次の奇数になる）続ける。
3. nが2より大きな素数である場合、上のステップでnが1になることはない。したがって、ステップ2が終わったあと、nが2より大きなままなら、nは素数である。

```
std::vector<unsigned long long> prime_factors(unsigned long long n)
{
   std::vector<unsigned long long> factors;
   while (n % 2 == 0)
   {
      factors.push_back(2);
      n = n / 2;
   }

   int const root = static_cast<int>(std::sqrt(n));
   for (unsigned long long i = 3; i <= root; i += 2)
   {
      while (n % i == 0)
      {
         factors.push_back(i);
         n = n / i;
      }
   }

   if (n > 2)
      factors.push_back(n);
   return factors;
}
```

```
int main()
{
   unsigned long long number = 0;
   std::cout << "number:";
   std::cin >> number;

   auto factors = prime_factors(number);

   std::copy(
      std::cbegin(factors), std::cend(factors),
      std::ostream_iterator<unsigned long long>(std::cout, " "));
}
```

600,851,475,143の最大の素因数を求めなさい。

解答 10　グレイコード

グレイコードは、交番二進符号や交番二進とも呼ばれますが、2つの連続する数が1ビットだけ異なる2進符号化の一種です。グレイコード化を行うには、次の公式を使う必要があります。

```
if b[i-1] == 1 then g[i] = not b[i]
                else g[i] = b[i]
```

次の式と等価です。

```
g = b xor (bを1桁だけ右論理シフト)
```

グレイコード化されたバイナリを復号するには、次の公式を使います。

```
b[0] = g[0]
b[i] = g[i] xor b[i-1]
```

これは、32ビット符号なし整数の場合、C++で次のように書けます。

```
unsigned int gray_encode(unsigned int const num)
{
   return num ^ (num >> 1);
}
```

```
unsigned int gray_decode(unsigned int gray)
{
   for (unsigned int bit = 1U << 31; bit > 1; bit >>= 1)
   {
      if (gray & bit) gray ^= bit >> 1;
   }
   return gray;
}
```

0以上32未満のすべての整数について、その2進表現、グレイコード表現、グレイコード復号値を出力するには、次のコードを使います。

```
std::string to_binary(unsigned int const value, int const digits)
{
   return std::bitset<32>(value).to_string().substr(32-digits, digits);
}

int main()
{
   std::cout << "Number\tBinary\tGray\tDecoded" << std::endl;
   std::cout << "------\t------\t----\t-------" << std::endl;

   for (unsigned int n = 0; n < 32; ++n)
   {
      auto encg = gray_encode(n);
      auto decg = gray_decode(encg);

      std::cout << n << "\t" << to_binary(n, 5) << "\t"
                << to_binary(encg, 5) << "\t" << decg << std::endl;
   }
}
```

解答 11 ローマ数字に変換

今日知られているローマ数字は、次の7つの記号を使います。I = 1, V = 5, X = 10, L = 50, C = 100, D = 500, M = 1000です。これらの数を表す記号の構成で加算と減算を行います。1から10までの数はI, II, III, IV, V, VI, VII, VIII, IX, Xで表します。ローマ人は0を表す記号を持たず、nullaと書いていました。ローマ記法では最大記号は左側に、最小記号は右側で表現されます。例えば、1994はMCMXCIV（M(1000) + CM(900) + XC(90) + IV(4)）です。ローマ数字の記法に詳しくなければ、Webで調べてください。

10進数をローマ数字にするには、次のアルゴリズムを使います。

1. ローマ数字の基本記号を最大（M）から最小（I）まで順にチェックする。
2. 現在の数値がローマ数字の記号の値より大きければ、記号をローマ数字に連結して、現在の数値からその記号の値を引く。
3. 現在の値がゼロになるまで繰り返す。

例えば、42を考えます。42より小さいローマ数字の基本記号はXLで40です。答えは空文字列にXLを連結してXLになり、現在の数から値40を引くと2になります。2より小さい基本記号はIです（これは1に対応します）。記号を連結するとXLI、2から1を引くと残りは1になります。さらにIを数に加えてXLII、2から1を引くと0になって、停止します。

```
std::string to_roman(unsigned int value)
{
   std::vector<std::pair<unsigned int, char const*>> const roman
   {
      { 1000, "M" },{ 900, "CM" }, { 500, "D" },{ 400, "CD" },
      { 100, "C" },{ 90, "XC" }, { 50, "L" },{ 40, "XL" },
      { 10, "X" },{ 9, "IX" }, { 5, "V" },{ 4, "IV" }, { 1, "I" }
   };

   std::string result;
   for (auto const & [num, str] : roman) {
      while (value >= num) {
         result += str;
         value -= num;
      }
   }
   return result;
}
```

この関数を次のように使います。

```
int main()
{
   for (int i = 1; i <= 100; ++i)
   {
      std::cout << i << "\t" << to_roman(i) << std::endl;
   }

   int number = 0;
```

```
    std::cout << "number:";
    std::cin >> number;
    std::cout << to_roman(number) << std::endl;
}
```

解答 12 最長コラッツ数列

コラッツ予想には、ウラムの予想、角谷の問題、トゥエイツ予想、ハッセのアルゴリズム、シラキュース問題といった別名があります。次のような数列が必ず1に到達するという予想で、まだ証明されていません。任意の正の整数nを初項とし、前の項が偶数なら次の項はその半分、前の項が奇数なら次の項は3倍して1を加えた値です。

課題は、100万までのすべての正の整数について、その整数を初項とするコラッツ数列を作り、その中から最長の数列を求めて、その長さと初項の値とを出力することです。力任せの方式を使い、各数についてコラッツ数列を作っては1になるまでの長さを順に数えることもできますが、より高速な解法は生成した数列の長さを覚えておくことです。値nから出発した現在の数列の項がnより小さくなったら、そのコラッツ数列の長さは既に求まっているはずなので、キャッシュからその値を取り出して現在の長さに加えれば、nのコラッツ数列の長さがわかります。しかしこの方式では、ある時点でキャッシュがシステムから割り当てられるメモリ量を超えてしまうという欠点があります。

```
std::pair<unsigned long long, long> longest_collatz(unsigned long long const limit)
{
   long length = 0;
   unsigned long long number = 0;

   std::vector<int> cache(limit + 1, 0);

   for (unsigned long long i = 2; i <= limit; i++)
   {
      auto n = i;
      long steps = 0;
      while (n != 1 && n >= i)
      {
         if ((n % 2) == 0)
            n = n / 2;
         else
            n = n * 3 + 1;
         steps++;
```

```
      }
      cache[i] = steps + cache[n];

      if (cache[i] > length)
      {
         length = cache[i];
         number = i;
      }
   }

   return std::make_pair(number, length);
}
```

解答 13　πの計算

π（円周率、PIと書く）の値を近似的に計算する1つの方式は、モンテカルロシミュレーションを使うものです。これは、入力にランダムサンプルを使用して、複雑なプロセスやシステムの振る舞いを調べるのに使う方法です。モンテカルロシミュレーションは、物理学、工学、コンピュータサイエンス、金融工学、経営工学など広範囲の応用分野や領域で使われています。

次のような考え方で進めます。直径dの円の面積は、PI * d^2 / 4です。直径dを一辺とする正方形の面積はd^2です。円の面積を正方形の面積で割ると、PI / 4になります。円を正方形の中に置いて、正方形の中で一様乱数に基づいた点を発生させます。円の中にある点の個数は円の面積に比例し、正方形の中にある点の個数は正方形の面積に比例します。すなわち、円の中にある点の個数を正方形の中にある点の個数で割ると、PI / 4が得られます。生成する点の個数を増やせば結果がより正確になります。

擬似乱数の生成には、メルセンヌ・ツイスタと一様分布を用います。

```
template <typename E = std::mt19937,
          typename D = std::uniform_real_distribution<>>
double compute_pi(E& engine, D& dist,
                  int const samples = 1000000)
{
   auto hit = 0;
   for (auto i = 0; i < samples; ++i)
   {
      auto x = dist(engine);
      auto y = dist(engine);
```

```
      if (y <= std::sqrt(1 - std::pow(x, 2))) hit++;
   }
   return 4.0 * hit / samples;
}

int main()
{
   std::random_device rd;
   auto seed_data = std::array<int, std::mt19937::state_size> {};
   std::generate(std::begin(seed_data), std::end(seed_data), std::ref(rd));
   std::seed_seq seq(std::cbegin(seed_data), std::cend(seed_data));
   auto eng = std::mt19937{ seq };
   auto dist = std::uniform_real_distribution<>{ 0, 1 };

   for (auto j = 0; j < 10; j++)
   {
      std::cout << compute_pi(eng, dist) << std::endl;
   }
}
```

解答 14 ISBNの検証

国際標準図書番号（ISBN、International Standard Book Number）は、それぞれの書籍に割り当てられる識別番号です。現在は13桁の番号が使われていますが、この問題では、以前の10桁のフォーマットを使います。最後の桁はチェックサムです。この数値は、10桁の数の各桁の数に、順に減少する重み（10桁目の数に10、9桁目の数に9、1桁目の数に1）を掛けた数の和が11の倍数になるように選ばれます。

次に示すvalidate_isbn_10関数は、文字列としてISBNを受け取り、文字列の長さが10で、すべての文字が数字で、重み（位置）を掛けた数字の総和が11の倍数であれば、trueを返します。

```
bool validate_isbn_10(std::string_view isbn)
{
   auto valid = false;
   if (isbn.size() == 10 &&
       std::all_of(std::cbegin(isbn), std::cend(isbn), isdigit))
   {
      auto w = 10;
      auto sum = std::accumulate(std::cbegin(isbn), std::cend(isbn), 0,
         [&w](int const total, char const c) {
```

```
            return total + w-- * (c - '0'); });

      valid = !(sum % 11);
   }

   return valid;
}
```

この関数を修正して3-16-148410-0のようにハイフンが含まれていても正しく検証できるようにしなさい。ISBN-13を検証する関数も書きなさい。

2章 言語機能

問題

問題15 IPv4データ型

IPv4アドレスを表すクラスを書きなさい。IPv4アドレスをキーボードから入力し、ディスプレイに出力するのに必要な関数を書きなさい。ユーザは、127.0.0.1や168.192.0.100のようにドット形式で入力できなければなりません。これは、出力に使う形式でもあります。

問題16 範囲内のIPv4アドレスを列挙する

IPv4アドレスの範囲を表すために2つのIPv4アドレスをユーザが入力し、その範囲内の全アドレスを列挙するプログラムを書きなさい。**問題15**で定義したクラスを拡張して、要求された機能を実装しなさい。

問題17 基本演算を備えた2次元配列を作る

要素へのアクセス（at()およびdata()）、容量クエリ、イテレータ、フィリング、スワップといったメソッドを備えた2次元配列コンテナを表すクラステンプレートを書きなさい。この型のオブジェクトをムーブできるようにしなさい。

問題18 任意個数の引数を取る最小値関数

任意個数の引数を取ることができて、その最小値を返す関数テンプレートを、比較にoperator<演算子を使って書きなさい。operator<の代わりに、引数として与えられた2項比較関数を使う、この関数テンプレートの修正版も書きなさい。

問題19 任意個数の要素をコンテナに追加

push_back(T&& value)メソッドを備えたコンテナの末尾に任意個数の要素を追加できる汎用の関数を書きなさい。

問題20 コンテナのany, all, none関数

与えられた引数がコンテナの要素のどれか（any）、すべて（all）、あるいはどれでもない（none）かをチェックする汎用の関数を書きなさい。次のようなコードが書けるようにしなさい[*1]。

```
std::vector<int> v{ 1, 2, 3, 4, 5, 6 };
assert(contains_any(v, 0, 3, 30));

std::array<int, 6> a{ { 1, 2, 3, 4, 5, 6 } };
assert(contains_all(a, 1, 3, 5, 6));

std::list<int> l{ 1, 2, 3, 4, 5, 6 };
assert(!contains_none(l, 0, 6));
```

問題21 システムハンドルラッパー

ファイルハンドルのようなOSのハンドルを考えます。ハンドルの取得と解放、ハンドルの正当性検証、あるオブジェクトから別のオブジェクトへのハンドルの所有権の移動などの演算を行うラッパーを書きなさい。

---

*1 訳注：宣言時のメンバ初期化を持つ型の集成体初期化を許可（C++14）により、std::array<int, 6> a{ 1, 2, 3, 4, 5, 6 };と書くこともできるようになった。

問題 22 さまざまな温度単位のリテラル

温度をよく使われる3つの単位、摂氏、華氏、ケルビンで表示できて、相互に単位変換ができる小さなライブラリを書きなさい。このライブラリでは、温度リテラルを摂氏は36.5_deg、華氏は97.7_f、ケルビンは309.65_Kと書き、これらの値で演算が行えて、相互に変換できるようにしなさい。

解答

解答 15 IPv4データ型

この問題では、IPv4アドレスを表すクラスを書く必要があります。IPv4アドレスは32ビットの値で、168.192.0.100のように、通常小数点で区切った10進表記で表されます。各部分の値は、0から255までの8ビット値です。それぞれを簡単に表現して格納するには、4つのunsigned charまたは1つのunsigned longを使ってアドレス値を格納します。コンソール（または入力ストリーム）から直接値を読み込み、コンソール（または出力ストリーム）に値を書き出すには、operator>>とoperator<<のオーバーロードが必要です。次のコードは、要求される機能を最低限満たす実装です[*1]。

```
class ipv4
{
   std::array<unsigned char, 4> data;
public:
   constexpr ipv4() : ipv4(0,0,0,0) {}
   constexpr ipv4(unsigned char const a, unsigned char const b,
                  unsigned char const c, unsigned char const d):
      data{{a,b,c,d}} {}
   explicit constexpr ipv4(unsigned long a)
      : ipv4(static_cast<unsigned char>((a >> 24) & 0xFF),
             static_cast<unsigned char>((a >> 16) & 0xFF),
             static_cast<unsigned char>((a >> 8) & 0xFF),
             static_cast<unsigned char>(a & 0xFF)) {}
   ipv4(ipv4 const & other) noexcept : data(other.data) {}
   ipv4& operator=(ipv4 const & other) noexcept
```

*1 訳注：unsigned charの代わりにuint8_t、unsigned longの代わりにuint32_t（C++11）を使ってもよい。また移譲コンストラクタ（C++11）を使ってもよい。

```
   {
      data = other.data;
      return *this;
   }

   std::string to_string() const
   {
      std::stringstream sstr;
      sstr << *this;
      return sstr.str();
   }

   constexpr unsigned long to_ulong() const noexcept
   {
      return
         (static_cast<unsigned long>(data[0]) << 24) |
         (static_cast<unsigned long>(data[1]) << 16) |
         (static_cast<unsigned long>(data[2]) << 8) |
         static_cast<unsigned long>(data[3]);
   }

   friend std::ostream& operator<<(std::ostream& os, const ipv4& a)
   {
      os << static_cast<int>(a.data[0]) << '.'
         << static_cast<int>(a.data[1]) << '.'
         << static_cast<int>(a.data[2]) << '.'
         << static_cast<int>(a.data[3]);
      return os;
   }

   friend std::istream& operator>>(std::istream& is, ipv4& a)
   {
      char d1, d2, d3;
      int b1, b2, b3, b4;
      is >> b1 >> d1 >> b2 >> d2 >> b3 >> d3 >> b4;
      if (d1 == '.' && d2 == '.' && d3 == '.')
         a = ipv4(b1, b2, b3, b4);
      else
         is.setstate(std::ios_base::failbit);
      return is;
   }
};
```

ipv4クラスは次のように使います。

```
int main()
```

```
{
   ipv4 address(168, 192, 0, 1);
   std::cout << address << std::endl;

   ipv4 ip;
   std::cout << ip << std::endl;
   std::cin >> ip;
   if (!std::cin.fail())
      std::cout << ip << std::endl;
}
```

解答 16 範囲内のIPv4アドレスを列挙する

指定された範囲のIPv4アドレスを列挙するためには、まず、IPv4アドレス値の比較ができることが必要です。少なくともoperator<を実装しなければなりませんが、次のコードではすべての比較演算子==、!=、<、>、<=、>=を実装しています。さらに、IPv4の値を増やすために、前置および後置operator++も実装しています。次のコードは、**問題15**で定義したIPv4クラスの拡張です。

```
ipv4& operator++()
{
   *this = ipv4(1 + to_ulong());
   return *this;
}

ipv4 operator++(int)
{
   ipv4 result(*this);
   ++(*this);
   return result;
}

friend bool operator==(ipv4 const & a1, ipv4 const & a2) noexcept
{
   return a1.data == a2.data;
}

friend bool operator!=(ipv4 const & a1, ipv4 const & a2) noexcept
{
   return !(a1 == a2);
}
```

```
    friend bool operator<(ipv4 const & a1, ipv4 const & a2) noexcept
    {
        return a1.to_ulong() < a2.to_ulong();
    }

    friend bool operator>(ipv4 const & a1, ipv4 const & a2) noexcept
    {
        return a2 < a1;
    }

    friend bool operator<=(ipv4 const & a1, ipv4 const & a2) noexcept
    {
        return !(a1 > a2);
    }

    friend bool operator>=(ipv4 const & a1, ipv4 const & a2) noexcept
    {
        return !(a1 < a2);
    }
```

ipv4クラスにこのような変更を加えたら、次のようなプログラムを書くことができます。

```
int main()
{
    std::cout << "input range: ";
    ipv4 a1, a2;
    std::cin >> a1 >> a2;
    if (a2 > a1)
    {
        for (ipv4 a = a1; a <= a2; a++)
        {
            std::cout << a << std::endl;
        }
    }
    else
    {
        std::cerr << "invalid range!" << std::endl;
    }
}
```

解答 17 基本演算を備えた2次元配列を作る

要求された構造をどう定義すればよいか考える前に、いくつかのテストケースを考えましょう。次のコードは要求された機能をすべて含んだものです。

```
int main()
{
   // 要素アクセス
   array2d<int, 2, 3> a {1, 2, 3, 4, 5, 6};
   for (size_t i = 0; i < a.size(1); ++i)
      for (size_t j = 0; j < a.size(2); ++j)
         a(i, j) *= 2;

   // イテレーション
   std::copy(std::cbegin(a), std::cend(a),
      std::ostream_iterator<int>(std::cout, " "));

   // フィリング
   array2d<int, 2, 3> b;
   b.fill(1);

   // スワップ
   a.swap(b);

   // ムーブ
   array2d<int, 2, 3> c(std::move(b));
}
```

要素アクセスでは、a(i, j)のようにoperator()を用い、a[i][j]のようなoperator[]を用いていないことに注意してください。operator()しか複数の引数（各次元ごとのインデックス）を取れないからです。operator[]は、引数は1つしか取れず、a[i][j]のような式を許すためには、（基本的には行を表す）中間型を返して、さらに、operator[]をオーバーロードして要素1つを返すようにしなければなりません。

固定長または可変長の要素シーケンスを格納する標準コンテナは既に存在します。この2次元配列クラスは、そのようなコンテナのアダプタにすればよいです。std::arrayかstd::vectorかどちらを選択すればよいかについては、次の2点を検討します。

- array2dクラスは、オブジェクトのムーブのためにムーブセマンティクスをサポートする。
- array2dクラスは、この型のオブジェクトのリスト初期化をサポートする。

std::arrayコンテナは、要素がムーブコンストラクト可能かつムーブ代入可能の場合に限り、ムーブ可能です。std::initializer_listから構築することができません。したがって、std::vectorのほうがよいということになります。

内部の構成としては、このアダプタコンテナは、データをベクトルのベクトル（各行がC個の要素のvector<T>で、R個のvector<vector<T>>に格納された要素で2次元配列になる）かまたは、T型のR×C要素からなる単一ベクトルかどちらかの形式で要素を格納できます。後者の場合、行i列jの要素は、インデックスi * C + jにあります。この方式のほうがメモリ消費が少なく、全データを1つの連続チャンクで格納できて実装も簡単です。そこで、こちらを解に使います。

要求された機能を備えた2次元配列の実装は次のようになります。

```
template <class T, size_t R, size_t C>
class array2d
{
   typedef T                 value_type;
   typedef value_type*       iterator;
   typedef value_type const* const_iterator;
   std::vector<T>            arr;
public:
   array2d() : arr(R * C) {}
   explicit array2d(std::initializer_list<T> l) : arr(l) {}
   constexpr T* data() noexcept { return arr.data(); }
   constexpr T const * data() const noexcept { return arr.data(); }

   constexpr T& at(size_t const r, size_t const c)
   {
      return arr.at(r*C + c);
   }

   constexpr T const & at(size_t const r, size_t const c) const
   {
      return arr.at(r*C + c);
   }

   constexpr T& operator() (size_t const r, size_t const c)
   {
      return arr[r*C + c];
   }

   constexpr T const & operator() (size_t const r, size_t const c) const
   {
```

```
      return arr[r*C + c];
   }

   constexpr bool empty() const noexcept { return R == 0 || C == 0; }

   constexpr size_t size(int const rank) const
   {
      if (rank == 1) return R;
      else if (rank == 2) return C;
      throw std::out_of_range("Rank is out of range!");
   }

   void fill(T const & value)
   {
      std::fill(std::begin(arr), std::end(arr), value);
   }

   void swap(array2d & other) noexcept { arr.swap(other.arr); }

   const_iterator begin() const { return arr.data(); }
   const_iterator end() const   { return arr.data() + arr.size(); }
   iterator begin()             { return arr.data(); }
   iterator end()               { return arr.data() + arr.size(); }
};
```

解答 18 任意個数の引数を取る最小値関数

可変引数テンプレートを使えば、任意個数の引数を取る関数のテンプレートを書くことができます。この場合、コンパイル時再帰を実装する必要があります（実際は、一連のオーバーロード関数を呼び出すだけです）。次のコードは、要求された関数をどう実装できるかを示します。

```
template <typename T>
T minimum(T const a, T const b) { return a < b ? a : b; }

template <typename T1, typename... T>
T1 minimum(T1 a, T... args)
{
   return minimum(a, minimum(args...));
}

int main()
```

```
{
   auto x = minimum(5, 4, 2, 3);
}
```

ユーザ定義の2項比較関数を使うためには、別の関数テンプレートを書く必要があります。比較関数は、関数パラメータパックのあとには置けないので、第1引数にしなければなりません。一方で、これは以前の最小値関数のオーバーロードではできないし、別の名前の関数にしなければなりません。その理由はコンパイラがテンプレートパラメータリスト`<typename T1, typename... T>`と`<class Compare, typename T1, typename... T>`の違いを区別できないからです。変更は最小限で、次のコードからわかります。

```
template <class Compare, typename T>
T minimumc(Compare comp, T const a, T const b)
{ return comp(a, b) ? a : b; }

template <class Compare, typename T1, typename... T>
T1 minimumc(Compare comp, T1 a, T... args)
{
   return minimumc(comp, a, minimumc(comp, args...));
}

int main()
{
   auto y = minimumc(std::less<>(), 3, 2, 1, 0);
}
```

解答 19 任意個数の要素をコンテナに追加

可変引数テンプレートを使えば、任意個数の引数を取る関数が書けます。関数は、第1引数にコンテナを取り、そのあとに可変個数の引数が続きます。これらがコンテナの後ろに追加されます。しかし、このような関数テンプレートは、畳み込み式を使うと非常に簡単に書くことができます。そのような実装は次のようになります。

```
template<typename C, typename... Args>
void push_back(C& c, Args&&... args)
{
   (c.push_back(args), ...);
}
```

この関数テンプレートを、さまざまなコンテナ型に対して用いた例を次に示します。

```
int main()
{
   std::vector<int> v;
   push_back(v, 21, 2, 3, 4);
   std::copy(std::cbegin(v), std::cend(v),
            std::ostream_iterator<int>(std::cout, " "));

   std::list<int> l;
   push_back(l, 1, 2, 3, 4);
   std::copy(std::cbegin(l), std::cend(l),
            std::ostream_iterator<int>(std::cout, " "));
}
```

解答 20 コンテナのany, all, none関数

可変個数の引数の有無を確認できるようにするという要件から、可変引数テンプレートを使うべきだと考えられます。そして、これらの関数には、要素がコンテナにあるかどうかのbool値を返す汎用のヘルパー関数が必要です。contains_all, contains_any, contains_noneといったこれらの関数はすべて、ヘルパー関数の返す値に論理演算子を適用する畳み込み式を使ってコードを簡単化します。畳み込み式の展開後に短絡評価が有効になるので、結果を求めるのに必要な要素だけを評価すればよくなります。よって、1, 2, 3すべての存在をチェックする場合は、関数はコンテナに値2があるか存在しないことがわかったところで、値3をチェックせずに返ります。

```
template<class C, class T>
bool contains(C const & c, T const & value)
{
   return std::cend(c) != std::find(std::cbegin(c), std::cend(c), value);
}

template<class C, class... T>
bool contains_any(C const & c, T &&... value)
{
   return (... || contains(c, value));
}

template<class C, class... T>
bool contains_all(C const & c, T &&... value)
```

```
{
   return (... && contains(c, value));
}

template<class C, class... T>
bool contains_none(C const & c, T &&... value)
{
   return !contains_any(c, std::forward<T>(value)...);
}
```

解答 21 システムハンドルラッパー

システムハンドルは、システムリソースへの参照です。あらゆるOSは、少なくとも初めはCで書かれていたので、ハンドルの作成と解放は専用のシステム関数で行われます。このため、例外が発生する場合など、間違った処理のためにリソースリークを起こす危険性があります。次のコードには、Windows専用ですが、ファイルをオープンし、読み込み、最終的にクローズする関数があります。この関数にはいくつか問題があります。1つは、開発者が関数からリターンする前にハンドルをクローズすることを忘れています。もう1つは、例外を投げる関数がハンドルをきちんとクローズする前に呼ばれています。関数が例外を投げるので、クリーンアップコードは決して実行されません。

```
void bad_handle_example()
{
    bool condition1 = false;
    bool condition2 = true;
    HANDLE handle = CreateFile("sample.txt",
                               GENERIC_READ,
                               FILE_SHARE_READ,
                               nullptr,
                               OPEN_EXISTING,
                               FILE_ATTRIBUTE_NORMAL,
                               nullptr);

    if (handle == INVALID_HANDLE_VALUE)
        return;

    if (condition1)
    {
        CloseHandle(handle);
        return;
```

```
    }

    std::vector<char> buffer(1024);
    unsigned long bytesRead = 0;
    ReadFile(handle, buffer.data(), buffer.size(), &bytesRead, nullptr);

    if (condition2)
    {
        // おや? ハンドルの閉じ忘れ
        return;
    }

    // 例外を投げると、その次の行は実行されない
    function_that_throws();

    CloseHandle(handle);
}
```

C++ラッパークラスで、ラッパーオブジェクトがスコープを出てデストラクトされるときに（正常な実行パスであれ例外の結果であれ）、ハンドルがきちんと解放されることを保証できます[*1]。適切な実装では0/nullまたは−1のような値で無効なハンドルを表す異なるタイプのハンドルを考慮する必要があります。あとで示す実装には次のような機能があります。

- ハンドルの明示的取得とオブジェクトが破壊されたときの自動解放
- ハンドルの所有権の移転が可能なムーブセマンティクス
- 2つのオブジェクトが同じハンドルを参照しているかチェックする比較演算子
- スワップやリセットのような追加の操作

ここに示す実装は、Kenny Kerrが実装して"Windows with C++ - C++ and the Windows API", MSDN Magazine, July 2011, https://msdn.microsoft.com/en-us/magazine/hh288076.aspxに発表したハンドルクラスを修正したものです。ここに示すハンドルにはWindowsハンドル特有の部分がありますが、他のプラットフォームでも適切に振る舞うように書くのは簡単でしょう。

*1　訳注：このようにリソース管理にラッパーオブジェクトを使うことをRAII（Resource Acquisition Is Initialization、「リソースの確保は初期化時に」）と言う。

```
template <typename Traits>
class unique_handle
{
   using pointer = typename Traits::pointer;
   pointer m_value;
public:
   unique_handle(unique_handle const &) = delete;
   unique_handle& operator=(unique_handle const &) = delete;

   explicit unique_handle(pointer value = Traits::invalid()) noexcept
      : m_value{ value }
   {}

   unique_handle(unique_handle && other) noexcept
      : m_value{ other.release() }
   {}

   unique_handle& operator=(unique_handle && other) noexcept
   {
      if (this != &other)
         reset(other.release());
      return *this;
   }

   ~unique_handle() noexcept
   {
      Traits::close(m_value);
   }

   explicit operator bool() const noexcept
   {
      return m_value != Traits::invalid();
   }

   pointer get() const noexcept { return m_value; }

   pointer release() noexcept
   {
      auto value = m_value;
      m_value = Traits::invalid();
      return value;
   }

   bool reset(pointer value = Traits::invalid()) noexcept
   {
      if (m_value != value)
```

```
      {
         Traits::close(m_value);
         m_value = value;
      }
      return static_cast<bool>(*this);
   }

   void swap(unique_handle<Traits> & other) noexcept
   {
      std::swap(m_value, other.m_value);
   }
};

template <typename Traits>
void swap(unique_handle<Traits> & left,
          unique_handle<Traits> & right) noexcept
{
   left.swap(right);
}

template <typename Traits>
bool operator==(unique_handle<Traits> const & left,
                unique_handle<Traits> const & right) noexcept
{
   return left.get() == right.get();
}

struct null_handle_traits
{
   using pointer = HANDLE;
   static pointer invalid() noexcept { return nullptr; }
   static void close(pointer value) noexcept
   {
      CloseHandle(value);
   }
};

struct invalid_handle_traits
{
   using pointer = HANDLE;
   static pointer invalid() noexcept  {  return INVALID_HANDLE_VALUE;  }
   static void close(pointer value) noexcept
   {
      CloseHandle(value);
   }
};
```

```
using null_handle = unique_handle<null_handle_traits>;
using invalid_handle = unique_handle<invalid_handle_traits>;
```

このようにハンドルの型を定義すると、先ほどのプログラム例をより単純な形式で書き変えることができます。例外の発生を適切に処理しなかったり、必要なくなったのに開発者がリソースの解放を忘れたりして、ハンドルが適切にクローズされないという問題のすべてを回避できます。次のコードは、より単純であると同時により頑健になっています。

```
void good_handle_example()
{
    bool condition1 = false;
    bool condition2 = true;

    invalid_handle handle{
        CreateFile("sample.txt",
                   GENERIC_READ,
                   FILE_SHARE_READ,
                   nullptr,
                   OPEN_EXISTING,
                   FILE_ATTRIBUTE_NORMAL,
                   nullptr) };

    if (!handle) return;

    if (condition1) return;

    std::vector<char> buffer(1024);
    unsigned long bytesRead = 0;
    ReadFile(handle.get(),
             buffer.data(),
             buffer.size(),
             &bytesRead,
             nullptr);

    if (condition2) return;

    function_that_throws();
}
```

解答22 さまざまな温度単位のリテラル

問題の要求を満たすには、いくつかの型、演算子、関数を実装する必要があります。

- サポートされている温度単位の列挙型scale
- scaleを引数とする温度を表すクラステンプレートquantity
- 2つのquantityを比較する比較演算子==、!=、<、>、<=、>=
- 同じ型のquantityの値の加減算を行う算術演算子+、-さらに代入演算子+=、-=
- ある単位の温度を別の単位に変換する関数テンプレートtemperature_cast。この関数は、自分自身で変換するのではなく、型Traitsを使って変換する。
- ユーザ定義の温度リテラルを作るためのリテラル演算子""_deg、""_f、""_k

簡単のために、以下のコードでは摂氏と華氏しか扱いません。練習問題として、これらのコードを拡張してケルビンも扱えるようにしなさい。本書の付属コード例には、この3つの単位すべての実装があります。

are_equal()関数は、浮動小数点数の比較をするユーティリティ関数です。

```
bool are_equal(double const d1, double const d2,
               double const epsilon = 0.001)
{
   return std::fabs(d1 - d2) < epsilon;
}
```

温度単位の列挙型と温度値を表すクラスは次のように定義されます。

```
namespace temperature
{
   enum class scale { celsius, fahrenheit, kelvin };

   template <scale S>
   class quantity
   {
      double const amount;
   public:
      constexpr explicit quantity(double const a) : amount(a) {}
      explicit operator double() const { return amount; }
   };
}
```

quantity<S>クラスの比較演算子は次のようになります。

```
namespace temperature
{
   template <scale S>
   inline bool operator==(quantity<S> const & lhs, quantity<S> const & rhs)
   {
      return are_equal(static_cast<double>(lhs), static_cast<double>(rhs));
   }

   template <scale S>
   inline bool operator!=(quantity<S> const & lhs, quantity<S> const & rhs)
   {
      return !(lhs == rhs);
   }

   template <scale S>
   inline bool operator<(quantity<S> const & lhs, quantity<S> const & rhs)
   {
      return static_cast<double>(lhs) < static_cast<double>(rhs);
   }

   template <scale S>
   inline bool operator>(quantity<S> const & lhs, quantity<S> const & rhs)
   {
      return rhs < lhs;
   }

   template <scale S>
   inline bool operator<=(quantity<S> const & lhs, quantity<S> const & rhs)
   {
      return !(lhs > rhs);
   }

   template <scale S>
   inline bool operator>=(quantity<S> const & lhs, quantity<S> const & rhs)
   {
      return !(lhs < rhs);
   }

   template <scale S>
   constexpr quantity<S> operator+(quantity<S> const &q1,
                                   quantity<S> const &q2)
   {
      return quantity<S>(static_cast<double>(q1) + static_cast<double>(q2));
   }
```

```
   template <scale S>
   constexpr quantity<S> operator-(quantity<S> const &q1,
                                   quantity<S> const &q2)
   {
      return quantity<S>(static_cast<double>(q1) - static_cast<double>(q2));
   }
}
```

温度の単位変換には、実際の変換を型traitsで行う関数テンプレートtemperature_cast()を定義します。関数テンプレートを次に示します。ここに示すのは一部で、すべては本書の付属コードに含まれています。

```
namespace temperature
{
   template <scale S, scale R>
   struct conversion_traits
   {
      static double convert(double const value) = delete;
   };

   template <>
   struct conversion_traits<scale::celsius, scale::fahrenheit>
   {
      static double convert(double const value)
      {
         return (value * 9) / 5 + 32;
      }
   };

   template <>
   struct conversion_traits<scale::fahrenheit, scale::celsius>
   {
      static double convert(double const value)
      {
         return (value - 32) * 5 / 9;
      }
   };

   template <scale R, scale S>
   constexpr quantity<R> temperature_cast(quantity<S> const q)
   {
       return quantity<R>(conversion_traits<S, R>::convert(
                             static_cast<double>(q)));
   }
}
```

温度の値を作るリテラル演算子を次のコードで示します。演算子は別の名前空間 temperature_scale_literalsで定義します。他のリテラル演算子との名前重複を避けるために、この方法を勧めます[*1]。

```
namespace temperature::temperature_scale_literals {
   constexpr quantity<scale::celsius> operator "" _deg(long double const amount)
   {
      return quantity<scale::celsius> {static_cast<double>(amount)};
   }

   constexpr quantity<scale::fahrenheit> operator "" _f(long double const amount)
   {
      return quantity<scale::fahrenheit> {static_cast<double>(amount)};
   }

   constexpr quantity<scale::kelvin> operator "" _k(long double const amount)
   {
      return quantity<scale::kelvin> {static_cast<double>(amount)};
   }
}
```

次の例は、温度の値を1つは摂氏、もう1つは華氏で定義して、その間で値を変換します。

```
int main()
{
   using namespace temperature;
   using namespace temperature_scale_literals;

   auto t1{ 36.5_deg };
   auto t2{ 79.0_f };

   auto tf = temperature_cast<scale::fahrenheit>(t1);
   auto tc = temperature_cast<scale::celsius>(tf);
   assert(t1 == tc);
}
```

＊1　訳注：入れ子名前空間の定義（C++17）を使っている。リテラル演算子のスペースを省略可能とすること（C++14）によりoperator "" _degを空白を入れずにoperator ""_degと書けるようになった。

3章 文字列と正規表現

問題

問題23 バイナリから文字列への変換

与えられた範囲（range）の8ビット整数の配列またはベクトルを16進表記の文字列で返す関数を書きなさい。16進は大文字または小文字が使えるようにしなさい。次に入力と出力の例を示します。

入力 `{ 0xBA, 0xAD, 0xF0, 0x0D }` **出力** `"BAADF00D"` または `"baadf00d"`

入力 `{ 1,2,3,4,5,6 }` **出力** `"010203040506"`

問題24 文字列からバイナリへの変換

16進表記の文字列で入力して、それに対応する8ビット整数の数列を返す関数を書きなさい。数列の内容はデシリアライズに相当します。次に例を示します。

入力 `"BAADF00D"` または `"baadf00d"` **出力** `{ 0xBA, 0xAD, 0xF0, 0x0D }`

入力 `"010203040506"` **出力** `{ 1,2,3,4,5,6 }`

問題25 英文タイトルのキャピタライズ

入力テキストをキャピタライズして、各単語が大文字で始まり残りは小文字になるように変換する関数を書きなさい。例えば、テキスト`"the c++ challenger"`を`"The C++ Challenger"`に変換します。

問題26 指定した区切り文字で文字列を連結する

一連の文字列と区切り文字を入力として、すべての入力文字列を区切り文字を介して連結した新しい文字列を出力する関数を書きなさい。区切り文字は最後の文字列のあとには付きません。入力文字列がなければ、空文字列を返します。

入力 { "this","is","an","example" }
区切り文字 ' '(空白)
出力 "this is an example"

問題27 区切り文字集合で文字列をトークンに分割する

文字列と区切り文字の集合を入力として、区切り文字で分割したトークンをstd::vectorで返す関数を書きなさい。

入力 "this is an example"
区切り文字 ",.! "
出力 { "this","is","an","example" }

問題28 最長回文部分文字列

入力文字列に対して、最長の回文になっている部分文字列を返す関数を書きなさい。もし、そのような部分文字列が複数個あるなら、最初の部分文字列を返しなさい。

問題29 ナンバープレートの検証

LLL-LL DDDまたはLLL-LL DDDDというフォーマット(LはAからZの大文字、Dは数字)のナンバープレートを考えます。次の関数を書きなさい。

- ナンバープレートが正しいフォーマットか検証する関数
- 入力テキストから、ナンバープレートに相当する部分文字列すべてを取り出して返す関数

問題30 URLパーツの抽出

URLを表す文字列に対して、パースしてURLの各パーツ（プロトコル、ドメイン、ポート、パス、クエリ、フラグメント）を抽出する関数を書きなさい。

問題31 文字列の日付を変換する

dd.mm.yyyyまたはdd-mm-yyyyという形式の日付を含むテキストの日付をyyyy-mm-ddという形式に変換する関数を書きなさい。

解答

解答23 バイナリから文字列への変換

std::array, std::vector, Cの配列などといった各種の範囲の列を扱える汎用関数を書くには、関数テンプレートでなければなりません。次に示す通りオーバーロードが2つあります。1つはコンテナを引数に取り、フラグで大文字小文字の処理方式を示します。もう1つは、イテレータ対（先頭の要素と範囲の末尾の次の要素をマークする）と大文字小文字処理のフラグを取るものです。範囲の内容は、幅、パディング、大文字小文字フラグなどの適当なI/Oマニピュレータを使用して、std::ostringstreamオブジェクトに書き込まれます。

```
template <typename Iter>
std::string bytes_to_hexstr(Iter begin, Iter end, bool const uppercase = false)
{
   std::ostringstream oss;
   if (uppercase) oss.setf(std::ios_base::uppercase);
   for (; begin != end; ++begin)
      oss << std::hex << std::setw(2) << std::setfill('0')
          << static_cast<int>(*begin);
   return oss.str();
}

template <typename C>
std::string bytes_to_hexstr(C const & c, bool const uppercase = false)
{
   return bytes_to_hexstr(std::cbegin(c), std::cend(c), uppercase);
```

```
}
```

これらの関数は次のように使います。

```
int main()
{
   std::vector<unsigned char> v{ 0xBA, 0xAD, 0xF0, 0x0D };
   std::array<unsigned char, 6> a{{ 1,2,3,4,5,6 }};
   unsigned char buf[5] = {0x11, 0x22, 0x33, 0x44, 0x55};

   assert(bytes_to_hexstr(v, true) == "BAADF00D");
   assert(bytes_to_hexstr(a, true) == "010203040506");
   assert(bytes_to_hexstr(buf, true) == "1122334455");

   assert(bytes_to_hexstr(v) == "baadf00d");
   assert(bytes_to_hexstr(a) == "010203040506");
   assert(bytes_to_hexstr(buf) == "1122334455");
}
```

解答 24 文字列からバイナリへの変換

ここで要求される演算は、**問題23**で実装したものの逆演算です。しかし、今度は関数テンプレートではなく関数を書きます。入力は、文字列の軽量ラッパーであるstd::string_viewです。出力は8ビット符号なし整数のstd::vectorです。次のhexstr_to_bytes関数は、テキストのすべての2文字をunsigned charに変換し（"A0"が0xA0になる）、std::vectorに格納して返します。

```
unsigned char hexchar_to_int(char const ch)
{
   if (ch >= '0' && ch <= '9') return ch - '0';
   if (ch >= 'A' && ch <= 'F') return ch - 'A' + 10;
   if (ch >= 'a' && ch <= 'f') return ch - 'a' + 10;
   throw std::invalid_argument("Invalid hexadecimal character");
}

std::vector<unsigned char> hexstr_to_bytes(std::string_view str)
{
   std::vector<unsigned char> result;
   for (size_t i = 0; i < str.size(); i += 2)
   {
      result.push_back(
         (hexchar_to_int(str[i]) << 4) | hexchar_to_int(str[i+1]));
```

```
    }
    return result;
}
```

この関数は、入力文字列に偶数個の16進表記の数が含まれていると仮定しています。入力文字列に数個の16進表記の数が含まれている場合、最後の文字は破棄されます("BAD"が{0xBA}になる)。

この関数を修正して、最後の奇数桁を破棄するのではなく、先頭に0を補うようにしなさい("BAD"が{0x0B, 0xAD}になる)。

また別の練習問題として、例えば、"BA AD F0 0D"のように区切り記号(この場合は空白)で区切られた16進表記の数の内容をデシリアライズする関数を書きなさい。

この関数の使用例は次のようになります。

```
int main()
{
   std::vector<unsigned char> expected{ 0xBA, 0xAD, 0xF0, 0x0D, 0x42 };
   assert(hexstr_to_bytes("BAADF00D42") == expected);
   assert(hexstr_to_bytes("BaaDf00d42") == expected);
}
```

解答 25 英文タイトルのキャピタライズ

次の実装に示す関数テンプレートcapitalize()は、どのような種類の文字の文字列でも扱えます。入力文字列は変更せず、新たな文字列を作ります。そのために、std::stringstreamを使います。入力文字列の全文字をイテレーションして、空白または句読点を見つけるたびに、新たな単語を示すフラグをtrueにセットします。入力文字は、単語の先頭なら大文字に、そうでないなら小文字に変換します。

```
template <class Elem>
using tstring = std::basic_string<Elem, std::char_traits<Elem>,
                                  std::allocator<Elem>>;

template <class Elem>
```

```
using tstringstream = std::basic_stringstream<Elem, std::char_traits<Elem>,
                                              std::allocator<Elem>>;

template <class Elem>
tstring<Elem> capitalize(tstring<Elem> const & text)
{
   tstringstream<Elem> result;
   bool newWord = true;
   for (auto const ch : text)
   {
      newWord = newWord || std::ispunct(ch) || std::isspace(ch);
      if (std::isalpha(ch))
      {
         if (newWord)
         {
            result << static_cast<Elem>(std::toupper(ch));
            newWord = false;
         }
         else
            result << static_cast<Elem>(std::tolower(ch));
      }
      else result << ch;
   }
   return result.str();
}
```

次のプログラムは、テキストのキャピタライズを行うために、この関数がどのように使用されているかを表示できます[*1]。

```
int main()
{
   using namespace std::string_literals;
   assert("The C++ Challenger"s ==  capitalize("the c++ challenger"s));
   assert("This Is An Example, Should Work!"s ==
          capitalize("THIS IS an ExamplE, should wORk!"s));
}
```

*1　訳注："..."sはsリテラル（C++14）。

解答 26 指定した区切り文字で文字列を連結する

次のコードでは、join_stringsという名前の2つのオーバーロード関数があります。1つは文字列のコンテナと区切り文字を表す文字列へのポインタを取ります。もう1つは、列の先頭と末尾の次を表す2つのランダムアクセスイテレータと区切り文字を取ります。どちらも、出力文字列ストリームとstd::copy関数を用いて、すべての入力文字列を連結した新しい文字列を返します。この汎用関数は、指定した列内のすべての要素を出力イテレータで表される出力列にコピーします。ここではstd::ostream_iteratorを使います。std::ostream_iteratorは、自身に値が代入されるたびにoperator<<を用いて指定した出力ストリームに値を書き込みます。

```
template <typename Iter>
std::string join_strings(Iter begin, Iter end, char const * const separator)
{
   std::ostringstream os;
   std::copy(begin, end-1, std::ostream_iterator<std::string>(os, separator));
   os << *(end-1);
   return os.str();
}


template <typename C>
std::string join_strings(C const & c, char const * const separator)
{
   if (c.size() == 0) return {};
   return join_strings(std::cbegin(c), std::cend(c), separator);
}

int main()
{
   using namespace std::string_literals;
   std::vector<std::string> v1{ "this","is","an","example" };
   std::vector<std::string> v2{ "example" };
   std::vector<std::string> v3{ };

   assert(join_strings(v1, " ") == "this is an example"s);
   assert(join_strings(v2, " ") == "example"s);
   assert(join_strings(v3, " ") == ""s);
}
```

イテレータを引数に取るこのオーバーロード関数を修正して、双方向イテレータのような他の種類のイテレータでも動作するようにして、リストなど他のコンテナでもこの関数を使えるようにしなさい。

解答 27 区切り文字集合で文字列をトークンに分割する

この分割関数には次のような2つのバージョンが考えられます。

- 1つ目は1つの文字を区切り文字に使います。入力文字列を分割するには、入力文字列の内容で初期化した文字列ストリームを使い、std::getline()で次の区切り文字または行末文字が現れるまでチャンクを読み込みます。
- 2つ目はstd::stringで指定された区切り文字のリストを使います。std:string::find_first_of()を使って、与えられた位置から区切り文字のいずれかが見つかる最初の位置を見つけます。入力文字列をすべて処理するまでこれを繰り返します。抽出された部分文字列は、結果を入れるstd::vectorに追加されます。

```
template <class Elem>
using tstring = std::basic_string<Elem, std::char_traits<Elem>,
                                  std::allocator<Elem>>;

template <class Elem>
using tstringstream = std::basic_stringstream<Elem, std::char_traits<Elem>,
                                              std::allocator<Elem>>;

template<typename Elem>
inline std::vector<tstring<Elem>> split(tstring<Elem> text,
                                        Elem const delimiter)
{
   auto sstr = tstringstream<Elem>{ text };
   auto tokens = std::vector<tstring<Elem>>{};
   auto token = tstring<Elem>{};
   while (std::getline(sstr, token, delimiter))
   {
      if (!token.empty()) tokens.push_back(token);
   }
   return tokens;
}
```

```
template<typename Elem>
inline std::vector<tstring<Elem>> split(tstring<Elem> text,
                                        tstring<Elem> const & delimiters)
{
   auto tokens = std::vector<tstring<Elem>>{};
   size_t pos, prev_pos = 0;
   while ((pos = text.find_first_of(delimiters, prev_pos)) != tstring<Elem>::npos)
   {
      if (pos > prev_pos)
         tokens.push_back(text.substr(prev_pos, pos - prev_pos));
      prev_pos = pos + 1;
   }
   if (prev_pos < text.length())
      tokens.push_back(text.substr(prev_pos, tstring<Elem>::npos));
   return tokens;
}
```

次のコード例は、1つの区切り文字または複数の区切り文字を使用して異なる文字列を分割する2つの例を示しています。

```
int main()
{
   using namespace std::string_literals;
   std::vector<std::string> expected{"this", "is", "a", "sample"};
   assert(expected == split("this is a sample"s, ' '));
   assert(expected == split("this,is a.sample!!"s, ",.! "s));
}
```

解答 28 最長回文部分文字列

この問題の最も単純な解法は、力任せ方式によって各部分文字列が回文かどうか調べることです。しかしこれは$C(N, 2)$部分文字列（Nは文字列の文字数）を調べるので、時間計算量が$O(N^3)$になります。計算量は、部分問題の結果を格納して参照すれば$O(N^2)$まで減らせます[*1]。そのためには、サイズが$N \times N$の`bool`値の表が必要です。`[i, j]`の要素は、位置`i`から位置`j`までの部分文字列が回文かどうかを示します。すべての`[i, i]`を`true`（1文字の回文）に初期化し、連続する2つの同一文字（2文字の回文）

*1　訳注：線形アルゴリズムがある。Glenn K. Manacher, A New Linear-Time "On-Line" Algorithm for Finding the Smallest Initial Palindrome of a String, J. ACM, 22, 1975, pp.346–351.

に対するすべての[i, j]をtrueに初期化します。それから、3文字以上の部分文字列[i, j]に対して、[i+1, j-1]の値がtrueで位置iと位置jの文字が等しいならtrueにします。最長の回文部分文字列の開始位置と長さを保持しながら計算し、テーブルを計算し終わったあとにそれらを出力します。

この解法のコードは次のようになります。

```
std::string longest_palindrome(std::string_view str)
{
   size_t const len = str.size();
   size_t longestBegin = 0;
   size_t maxLen = 1;
   std::vector<bool> table(len * len, false);

   for (size_t i = 0; i < len; i++)   table[i * len + i] = true;
   for (size_t i = 0; i < len - 1; i++)
   {
      if (str[i] == str[i + 1])
      {
         table[i * len + i + 1] = true;
         if (maxLen < 2)
         {
            longestBegin = i;
            maxLen = 2;
         }
      }
   }
   for (size_t k = 3; k <= len; k++)
   {
      for (size_t i = 0; i < len - k + 1; i++)
      {
         size_t j = i + k - 1;
         if (str[i] == str[j] && table[(i + 1) * len + j - 1])
         {
            table[i * len + j] = true;
            if (maxLen < k)
            {
               longestBegin = i;
               maxLen = k;
            }
         }
      }
   }
   return std::string(str.substr(longestBegin, maxLen));
}
```

longest_palindrome()関数のテストケースを示します。

```
int main()
{
   using namespace std::string_literals;
   assert(longest_palindrome("sahararahnide") == "hararah");
   assert(longest_palindrome("level") == "level");
   assert(longest_palindrome("s") == "s");
}
```

解答 29 ナンバープレートの検証

この問題を解く一番簡単な方法は正規表現を使うことです。記述された形式を満たす正規表現は、"[A-Z]{3}-[A-Z]{2} \d{3,4}"です。

最初の関数は、入力文字列がこの正規表現に一致するテキストのみでできていることだけを検証します。そのために、次のようにstd::regex_match()を用います[*1]。

```
bool validate_license_plate_format(std::string const & str)
{
   std::regex rx(R"([A-Z]{3}-[A-Z]{2} \d{3,4})");
   return std::regex_match(str.c_str(), rx);
}
int main()
{
   assert(validate_license_plate_format("ABC-DE 123"));
   assert(validate_license_plate_format("ABC-DE 1234"));
   assert(!validate_license_plate_format("ABC-DE 12345"));
   assert(!validate_license_plate_format("abc-de 1234"));
}
```

2つ目の関数は少し異なります。入力文字列でマッチさせるのではなく、文字列内で正規表現にマッチするすべての部分文字列を求めます。正規表現は"([A-Z]{3}-[A-Z]{2} \d{3,4})*"に変更します。すべてのマッチを反復処理するために、std::sregex_iteratorを使う必要があります。これは次の通りです。

```
std::vector<std::string> extract_license_plate_numbers(std::string const & str)
{
   std::regex rx(R"(([A-Z]{3}-[A-Z]{2} \d{3,4})*)");
```

*1 訳注：R"(...)"のようにRプレフィックスが付いた文字列リテラルは、生文字列リテラル（C++11）。

```
    std::smatch match;
    std::vector<std::string> results;

    for (auto i = std::sregex_iterator(std::cbegin(str), std::cend(str), rx);
         i != std::sregex_iterator(); ++i)
    {
       if ((*i)[1].matched)
          results.push_back(i->str());
    }
    return results;
}

int main()
{
    std::vector<std::string> expected{"AAA-AA 123", "ABC-DE 1234", "XYZ-WW 0001"};
    std::string text("AAA-AA 123qwe-ty 1234  ABC-DE 123456..XYZ-WW 0001");
    assert(expected == extract_license_plate_numbers(text));
}
```

解答 30　URLパーツの抽出

この問題も正規表現を使って解くことができます。しかし、URLにマッチする正規表現を探し出すのは、難しい作業です。この練習問題の目的はregexライブラリを使いこなす練習をすることであり、特定の問題のための究極の正規表現を求めることではありません。ここで用いる正規表現は、問題の意図を表すためだけのものです。

https://regex101.com/のようなオンラインのテスター兼デバッガを使って正規表現を試すことができます。作った正規表現に対してさまざまなデータセットを試すのに役立ちます。

この作業では、URLのパーツを次のように考えます。protocolとdomainは必須です。port, path, query, fragmentはオプションです。次の構造体は、URLをパースした結果を返すのに使います（タプルを返して、構造化バインディングを使ってタプルの各部分と変数とをバインドする別のやり方もあります）。

```
struct uri_parts
{
   std::string                protocol;
   std::string                domain;
   std::optional<int>         port;
```

```
    std::optional<std::string> path;
    std::optional<std::string> query;
    std::optional<std::string> fragment;
};
```

URLをパースしてパーツを抽出して返す関数は、次のように実装できます。関数が入力文字列と正規表現のマッチに失敗する可能性があるため、戻り値の型がstd::optional<uri_parts>であることに注意してください。この場合、戻り値はstd::nulloptになります。

```
std::optional<uri_parts> parse_uri(std::string uri)
{
   std::regex rx(R"(^(\w+):\/\/([\w.-]+)(:(\d+))?)"
                 R"(([\w\/\.]+)?(\?([\w=&]*)(#?(\w+))?)?$)");
   auto matches = std::smatch{};
   if (std::regex_match(uri, matches, rx))
   {
      if (matches[1].matched && matches[2].matched)
      {
         uri_parts parts;
         parts.protocol = matches[1].str();
         parts.domain = matches[2].str();
         if (matches[4].matched)
            parts.port = std::stoi(matches[4]);
         if (matches[5].matched)
            parts.path = matches[5];
         if (matches[7].matched)
            parts.query = matches[7];
         if (matches[9].matched)
            parts.fragment = matches[9];
         return parts;
      }
   }
   return {};
}
```

次のプログラムは、異なるパーツを含む2つのURLを使用してparse_uri()関数をテストします。

```
int main()
{
   auto p1 = parse_uri("https://packt.com");
   assert(p1.has_value());
   assert(p1->protocol == "https");
```

```
    assert(p1->domain == "packt.com");
    assert(!p1->port.has_value());
    assert(!p1->path.has_value());
    assert(!p1->query.has_value());
    assert(!p1->fragment.has_value());

    auto p2 = parse_uri("https://bbc.com:80/en/index.html?lite=true#ui");
    assert(p2.has_value());
    assert(p2->protocol == "https");
    assert(p2->domain == "bbc.com");
    assert(p2->port == 80);
    assert(p2->path.value() == "/en/index.html");
    assert(p2->query.value() == "lite=true");
    assert(p2->fragment.value() == "ui");
}
```

解答 31 文字列の日付を変換する

std::regex_replace()を使えば正規表現でテキスト変換ができます。指定された形式の日付にマッチする正規表現は(\d{2})(\.|-)(\d{2})(\.|-)(\d{4})です。この正規表現は、1番目は日、2番目は区切り(.または-)、3番目は月、4番目は区切り(.または-)、5番目は年という、5つのキャプチャグループを定義します。

日付をdd.mm.yyyyまたはdd-mm-yyyyという形式からyyyy-mm-ddという形式に変換したいので、std::regex_replace()の置換書式文字列は"$5-$3-$1"にします。

```
std::string transform_date(std::string const & text)
{
   auto rx = std::regex{ R"((\d{2})(\.|-)(\d{2})(\.|-)(\d{4}))" };
   return std::regex_replace(text.c_str(), rx, "$5-$3-$1");
}

int main()
{
   using namespace std::string_literals;
   assert(transform_date("today is 01.12.2017!"s) ==  "today is 2017-12-01!"s);
}
```

日付で1桁の日や月の場合は、例えば、03ではなく3と書きたいものです。そのような書き方でも受け入れられるように、正規表現を変更しなさい。出力もその場合には1桁となるように、コードを変更しなさい。また、区切り記号に斜線（例えばdd/mm/yyyy）が来てもよいようにしなさい。

4章

ストリームとファイルシステム

問題

パスカルの三角形

パスカルの三角形を10行目までコンソールに出力する関数を書きなさい。

問題 33 プロセスのリストを表形式で出力する

システムの全プロセスのスナップショットのリストがあるとします。各プロセスの情報には、名前、識別子、ステータス（runningかsuspendedのどちらか）、アカウント名（この下でプロセスが実行される）、メモリサイズ（バイト）、プラットフォーム（32ビットか64ビット）があります。そのようなプロセスのリストが与えられたときに、表形式でアルファベット順にコンソールに出力する関数を書きなさい。メモリサイズは右揃えで、それ以外の各列は左揃えです。メモリサイズは、KB単位で出力します。この関数の出力例を次に示します。

```
chrome.exe      1044   Running    marius.bancila    25180  32-bit
chrome.exe      10100  Running    marius.bancila   227756  32-bit
cmd.exe         512    Running    SYSTEM               48  64-bit
explorer.exe    7108   Running    marius.bancila    29529  64-bit
skype.exe       22456  Suspended  marius.bancila      656  64-bit
```

問題34 テキストファイルから空行を取り除く

テキストファイルへのパスが与えられると、そのファイルから空行をすべて取り除く関数を書きなさい。空白のみの行は空行とみなします。

問題35 ディレクトリのサイズを計算する

ディレクトリのサイズを再帰的に計算してバイト単位で返す関数を書きなさい。シンボリックリンクはたどるかどうか指定できるようにしなさい。

問題36 指定日付より古いファイルを削除する

ディレクトリへのパスと時刻が指定されたときに、そのディレクトリ内の指定時刻より古いエントリ（ファイルまたはサブディレクトリ）を再帰的にすべて削除する関数を書きなさい。時刻は、日、時間、分、秒あるいは1時間25分などの組み合わせで表します。指定されたディレクトリそのものが指定時刻より古ければ、全体を削除します。

問題37 ディレクトリ内で正規表現にマッチするファイルを見つける

ディレクトリへのパスと正規表現が与えられたときに、名前が正規表現にマッチするすべてのエントリのリストを返す関数を書きなさい。

問題38 一時ログファイル

破棄可能なテキストファイルにテキストメッセージを書き出すロギングクラスを作りなさい。テキストファイルは、一意の識別名を持ち、一時ディレクトリに配置します。特に指定しない限り、クラスインスタンスが削除されるときに、このログファイルは破棄されます。しかし、ログファイルを永続的な位置に移して保持することもできるようにします。

解答

解答 32 パスカルの三角形

パスカルの三角形は二項係数を表す構造です。三角形は1だけの行で始まります。次の行の項は、上の行の左右の項の和になります。項がなければ0と考えます。次は5行の三角形の例です。

```
        1
      1   1
    1   2   1
  1   3   3   1
1   4   6   4   1
```

この三角形の出力では、次の条件を満たす必要があります。

- 適切な個数の空白で出力位置を右へ移動し、頂点の数が三角形の底辺の中央に来るように調整する。
- 値xを求める計算式は、行i、列jとしたとき、xは1で始まり、次のxの値はxの値に`(i - j) / (j + 1)`を掛けたものに等しい。

次は三角形を出力する関数の実装例です。

```
unsigned int number_of_digits(unsigned int const i)
{
   return i > 0 ? (int) log10((double) i) + 1 : 1;
}

void print_pascal_triangle(int const n)
{
   for (int i = 0; i < n; i++)
   {
      auto x = 1;
      std::cout << std::string((n - i - 1) * (n / 2), ' ');
      for (int j = 0; j <= i; j++)
      {
         auto y = x;
         x = x * (i - j) / (j + 1);
         auto maxlen = number_of_digits(x) - 1;
         std::cout << y << std::string(n - 1 - maxlen - n % 2, ' ');
      }
```

```
      std::cout << std::endl;
   }
}
```

次のプログラムは、ユーザに段数を入力させて、三角形をコンソールに出力します。

```
int main()
{
   int n = 0;
   std::cout << "Levels (up to 10): ";
   std::cin >> n;
   if (n > 10)
      std::cout << "Value too large" << std::endl;
   else
      print_pascal_triangle(n);
}
```

解答 33 プロセスのリストを表形式で出力する

この問題を解くため、プロセスの情報を表す次のクラスを考えます。

```
enum class procstatus {suspended, running};
enum class platforms {p32bit, p64bit};

struct procinfo
{
   int         id;
   std::string name;
   procstatus  status;
   std::string account;
   size_t      memory;
   platforms   platform;
};
```

ステータスとプラットフォームを数値ではなくテキストで出力するには、列挙型からstd::stringへの変換関数が必要です。

```
std::string status_to_string(procstatus const status)
{
   if (status == procstatus::suspended) return "suspended";
   else return "running";
}
```

```
std::string platform_to_string(platforms const platform)
{
   if (platform == platforms::p32bit) return "32-bit";
   else return "64-bit";
}
```

プロセスは、プロセス名でアルファベット順にソートする必要があります。したがって、最初に入力されたプロセス全体をプロセス名でソートします。出力するのに、I/Oマニピュレータを使います。

```
void print_processes(std::vector<procinfo> processes)
{
   std::sort(std::begin(processes), std::end(processes),
            [](procinfo const & p1, procinfo const & p2) {
               return p1.name < p2.name; });
   for (auto const & pi : processes)
   {
      std::cout << std::left << std::setw(25)  << std::setfill(' ')
               << pi.name;
      std::cout << std::left << std::setw(8)   << std::setfill(' ')
               << pi.id;
      std::cout << std::left << std::setw(12)  << std::setfill(' ')
               << status_to_string(pi.status);
      std::cout << std::left << std::setw(15)  << std::setfill(' ')
               << pi.account;
      std::cout << std::right << std::setw(10) << std::setfill(' ')
               << static_cast<int>(pi.memory / 1024);
      std::cout << std::left << ' ' << platform_to_string(pi.platform);
      std::cout << std::endl;
   }
}
```

次のプログラムは、プロセスのリストを定義し、（実際には、OS固有のAPIを用いて実行中のプロセスのリストを取得し）要求されたフォーマットでコンソールに出力します。

```
int main()
{
   using namespace std::string_literals;
   std::vector<procinfo> processes
   {
      {512, "cmd.exe"s, procstatus::running, "SYSTEM"s,
            148293, platforms::p64bit },
      {1044, "chrome.exe"s, procstatus::running, "marius.bancila"s,
```

```
            25180454, platforms::p32bit },
        {7108, "explorer.exe"s, procstatus::running, "marius.bancila"s,
            2952943, platforms::p64bit },
        {10100, "chrome.exe"s, procstatus::running, "marius.bancila"s,
            227756123, platforms::p32bit },
        {22456, "skype.exe"s, procstatus::suspended, "marius.bancila"s,
            16870123, platforms::p64bit },
    };
    print_processes(processes);
}
```

解答 34 テキストファイルから空行を取り除く

この問題を処理するのに次のようなステップが考えられます。

1. 元のファイルから保持したいテキストだけを含めるための一時ファイルを作る。
2. 入力ファイルから、1行ずつ読み込んでは、空ではないすべての行を一時ファイルにコピーする。
3. 処理が終わると元のファイルを削除する。
4. 一時ファイルを元のファイルのあったパスに移動する。

ステップ3、4の別の方法として、一時ファイルを元のファイルのパスに移して元のファイルを上書きする方法があります。次の実装は、上の1から4のステップに従っています。一時ファイルはfilesystem::temp_directory_path()で返される一時ディレクトリに作られます[*1]。

```
namespace fs = std::filesystem;
void remove_empty_lines(fs::path filepath)
{
    std::ifstream filein(filepath.native(), std::ios::in);
```

*1 訳注：原書のコードは、C++17の規格本体に組み込まれる前の、試験的なfilesystem仕様に基づいているため、ヘッダ・ファイルのパスや名前空間の名前に"experimental"が含まれている。filesystemは最終的にC++17の規格本体に取り込まれたため、

```
#include <filesystem>
```

または

```
namespace fs = std::filesystem;
```

と記述するほうが、C++17の規格上は正式なものとなる。しかし、現時点では未対応の処理系が多いため、原書では古い形式を採用した。本訳書では著者と相談して"experimental"を削除した。

```
    if (!filein.is_open())
       throw std::runtime_error("cannot open input file");
    auto temppath = fs::temp_directory_path() / "temp.txt";
    std::ofstream fileout(temppath.native(), std::ios::out | std::ios::trunc);
    if (!fileout.is_open())
       throw std::runtime_error("cannot create temporary file");

    std::string line;
    while (std::getline(filein, line))
    {
       if (line.length() > 0 && line.find_first_not_of(' ') != line.npos)
       {
          fileout << line << '\n';
       }
    }

    filein.close();
    fileout.close();

    fs::remove(filepath);
    fs::rename(temppath, filepath);
}
```

解答35 ディレクトリのサイズを計算する

ディレクトリのサイズを計算するには、すべてのファイルについてイテレーションして、個々のファイルのサイズを加算する必要があります。

filesystem::recursive_directory_iteratorはfilesystemライブラリのイテレータで、ディレクトリの全エントリを再帰的にイテレーションできます。複数のコンストラクタがあり、シンボリックリンクをたどるべきかどうかを示すfilesystem::directory_options型の値を取るものもあります。汎用のstd::accumulate()アルゴリズムを用いて、ファイルサイズの合計を求めることができます。ディレクトリの全サイズが2GBを超える可能性があるので、合計にはintやlongを使わず、最大の符号なし整数型のstd::uintmax_t（または、十分な長さがあればunsigned long longなど）を使います。次の関数が、必要な作業を行う関数の実装例を示します。

```
namespace fs = std::experimental::filesystem;
std::uintmax_t get_directory_size(fs::path const & dir,
                                  bool const follow_symlinks = false)
```

```
{
   auto iterator = fs::recursive_directory_iterator(
      dir,
      follow_symlinks ? fs::directory_options::follow_directory_symlink :
                        fs::directory_options::none);

   return std::accumulate(
      fs::begin(iterator), fs::end(iterator),
      0ULL,
      [](std::uintmax_t const total,
         fs::directory_entry const & entry) {
                    return total + (fs::is_regular_file(entry) ?
                       fs::file_size(entry.path()) : 0ULL);
   });
}

int main()
{
   std::string path;
   std::cout << "Path: ";
   std::cin >> path;
   std::cout << "Size: " << get_directory_size(path) << std::endl;
}
```

解答 36 指定日付より古いファイルを削除する

ファイルシステム操作を実行するには、filesystemライブラリを使う必要があります。時刻や時間を扱うには、chronoライブラリを使う必要があります。要求された機能を実装する関数では、次のことが必要です。

1. ターゲットパスで示されたエントリが存在して、指定した時刻より古いかどうかをチェックする。古いなら削除する。
2. 古くなくてディレクトリなら、そのエントリをイテレーションして、関数を再帰的に呼び出す。

```
namespace fs = std::experimental::filesystem;
namespace ch = std::chrono;

template <typename Duration>
bool is_older_than(fs::path const & path, Duration const duration)
```

```
{
   auto ftimeduration = fs::last_write_time(path).time_since_epoch();
   auto nowduration = (ch::system_clock::now() - duration).time_since_epoch();
   return ch::duration_cast<Duration>(nowduration - ftimeduration).count() > 0;
}

template <typename Duration>
void remove_files_older_than(fs::path const & path, Duration const duration)
{
   try
   {
      if (fs::exists(path))
      {
         if (is_older_than(path, duration))
         {
            fs::remove(path);
         }
         else if (fs::is_directory(path))
         {
            for (auto const & entry : fs::directory_iterator(path))
            {
               remove_files_older_than(entry.path(), duration);
            }
         }
      }
   }
   catch (std::exception const & ex)
   {
      std::cerr << ex.what() << std::endl;
   }
}
```

directory_iteratorを使ってremove_files_older_than()を再帰的に呼び出す代わりに、recursive_directory_iteratorを使い、エントリが指定時刻より古ければ削除するという方式もあります。しかしこの方法の場合、recursive_directory_iteratorが作られたあとにファイルやディレクトリが削除されたり追加されると、そのような変化がイテレータに通知されるかどうかが規定されていないために、未定義の振る舞いになる危険性があります。したがって、この方式は避けるべきです。

is_older_than()関数テンプレートは、システムクロックの現在時刻と最後にファイルに書き込みがあった時刻との差を求め、その2つの差が指定された時間よりも大きいかどうかをチェックします。

remove_files_older_than()関数は次のように使います[*1]。

```
int main()
{
   using namespace std::chrono_literals;
   auto path = R"(../Test/)";
   remove_files_older_than(path, 1h + 20min);
}
```

解答 37 ディレクトリ内で正規表現にマッチするファイルを見つける

要求された機能を実装するのは簡単です。指定されたディレクトリの全エントリを再帰的にイテレーションします。そして、普通のファイルでファイル名が正規表現にマッチするエントリをすべて保持します。これを行うために、次のようなものを使います。

- filesystem::recursive_directory_iteratorでディレクトリのエントリをイテレーションする。
- regexとregex_match()でファイル名が正規表現にマッチするかどうかチェックする。
- copy_if()とback_inserterで、vectorの末尾に条件にマッチしたディレクトリのエントリをコピーする。

関数は次のようになります。

```
namespace fs = std::filesystem;

std::vector<fs::directory_entry> find_files(fs::path const & path,
   std::string const & regex)
{
   std::vector<fs::directory_entry> result;
   std::regex rx(regex.c_str());

   std::copy_if(
      fs::recursive_directory_iterator(path),
      fs::recursive_directory_iterator(),
      std::back_inserter(result),
```

*1 訳注：ライブラリがOS依存を解決してくれるため、_WIN32環境でもR"(../Test/)";と書けばR"(..\Test\)";の意味になる。

```
    [&rx](fs::directory_entry const & entry) {
      return fs::is_regular_file(entry.path()) &&
             std::regex_match(entry.path().filename().string(), rx);
    });
  return result;
}
```

この関数を使って次のようなコードが書けます。

```
int main()
{
  auto dir = fs::temp_directory_path();
  auto pattern = R"(wct[0-9a-zA-Z]{3}\.tmp)";
  auto result = find_files(dir, pattern);

  for (auto const & entry : result)
  {
    std::cout << entry.path().string() << std::endl;
  }
}
```

解答 38 一時ログファイル

この問題のために実装するロギングクラスは次のような機能を持ちます。

- 一時ディレクトリにテキストファイルを作り、書き込めるようにオープンするコンストラクタ
- デストラクト時に、ファイルがまだ存在していれば、クローズして削除する
- ファイルをクローズして、永続パスへ移すメソッド
- operator<<をオーバーロードして、出力ファイルにテキストメッセージを書き出す

ファイル用の一意な名前を作成するには、UUID（GUIDとも呼ぶ）を使います。C++標準は、これに関する機能をサポートしていませんが、boost::uuid, CrossGuid,（私が作った）stduuidのようなサードパーティのライブラリがあります。この実装にはstduuidを使います。https://github.com/mariusbancila/stduuidにあります。

```
namespace fs = std::filesystem;

class logger
{
```

```
    fs::path       logpath;
    std::ofstream  logfile;
public:
    logger()
    {
        auto name = uuids::to_string(uuids::uuid_random_generator{}());
        logpath = fs::temp_directory_path() / (name + ".tmp");
        logfile.open(logpath.c_str(), std::ios::out | std::ios::trunc);
    }

    ~logger() noexcept
    {
        try {
            if (logfile.is_open())  logfile.close();
            if (!logpath.empty())   fs::remove(logpath);
        }
        catch (...) {
        }
    }

    void persist(fs::path const & path)
    {
        logfile.close();
        fs::rename(logpath, path);
        logpath.clear();
    }

    logger& operator<<(std::string const & message)
    {
        logfile << message.c_str() << '\n';
        return *this;
    }
};
```

このクラスの使用例は、次の通りです。

```
int main()
{
    logger log;
    try
    {
        log << "this is a line" << "and this is another one";
        throw std::runtime_error("error");
    }
    catch (...)
    {
```

```
        log.persist(R"(lastlog.txt)");
    }
}
```

5章
日付と時間

問題

問題39 実行時間を測定する関数

任意の個数の引数を持つ関数の実行時間を指定された時間単位（秒、ミリ秒、マイクロ秒など）で計測する関数を書きなさい。

問題40 2つの日付間の日数

与えられた2つの日付の間の日数を返す関数を書きなさい。関数は、日付の入力順に関係なく求められるようにしなさい。

問題41 曜日

与えられた日付の曜日を求める関数を書きなさい。この関数は1（月曜）から7（日曜）の間の値を返します。

問題42 年間の日と週

与えられた日付が、1年の何日目か（1から365まで、うるう年は366まで）を返す関数と、同じ入力に対して1年の何週目かを返す関数を書きなさい。

問題 43 複数のタイムゾーンにおける打ち合わせ時刻

打ち合わせの参加者とそのタイムゾーンのリストが与えられたときに、打ち合わせ時刻を各参加者のローカルタイムで表示する関数を書きなさい。

問題 44 月間カレンダー

年と月が指定されると、その月のカレンダーをコンソールに出力する関数を書きなさい。期待される出力フォーマットは次のようになります(例は2017年12月)。

```
Mon Tue Wed Thu Fri Sat Sun
                  1   2   3
  4   5   6   7   8   9  10
 11  12  13  14  15  16  17
 18  19  20  21  22  23  24
 25  26  27  28  29  30  31
```

解答

解答 39 実行時間を測定する関数

関数の実行時間を測定するには、関数の実行前に現在の時刻を取得し、関数を実行し、現在時刻を再度取得して、2つの時刻の間の経過時間を求めます。便宜上、これを可変引数テンプレートを使って、実行する関数とその引数をすべて引数に取るようにします。さらに、

- デフォルトでstd::high_resolution_clockを使い、現在時刻を求める。
- std::invoke()を使い、指定した引数で測定する関数を実行する。
- ある時間単位のティック数ではなく時間を返す。これは、時間単位を保持するために重要だ。これによりティック数を返すことでは不可能な秒、ミリ秒などさまざまな単位の実行時間を加算できる。

```
template <typename Time = std::chrono::microseconds,
          typename Clock = std::chrono::high_resolution_clock>
struct perf_timer
```

```
{
    template <typename F, typename... Args>
    static Time duration(F&& f, Args... args)
    {
        auto start = Clock::now();
        std::invoke(std::forward<F>(f), std::forward<Args>(args)...);
        auto end = Clock::now();

        return std::chrono::duration_cast<Time>(end - start);
    }
};
```

この関数テンプレートは次のように使います。

```
using namespace std::chrono_literals
void f()
{
    // 作業のシミュレーション
    std::this_thread::sleep_for(2s);
}

void g(int const /*a*/, int const /*b*/)
{
    // 作業のシミュレーション
    std::this_thread::sleep_for(1s);
}

int main()
{
    auto t1 = perf_timer<std::chrono::microseconds>::duration(f);
    auto t2 = perf_timer<std::chrono::milliseconds>::duration(g, 1, 2);

    auto total = std::chrono::duration<double, std::nano>(t1 + t2).count();
}
```

解答 40 2つの日付間の日数

C++17のchrono標準ライブラリでは、日付、週、カレンダー、タイムゾーン、およびその他の便利な関連機能をサポートしていません。この方針はC++20で変わり、2018年3月にフロリダ州ジャクソンビルで行われたISOのC++会議で、dateと呼ばれるオープンソースライブラリが持つタイムゾーンとカレンダーのサポートがchronoに追加されることになりました。dateは、Howard Hinnantによって開発され、GitHubの

https://github.com/HowardHinnant/dateで利用可能です。本章の問題の一部は、解法にこのライブラリを使います。この実装では名前空間がdateですが、C++20では、std::chronoの一部になります。その場合、コードは変更せず、名前空間を置き換えるだけで大丈夫なはずです。

この問題を解くのに、date.hヘッダにあるdate::sys_daysクラスを使います。std::system_clockで表された日数を表します。これは、1日の分解能を持つtime_pointで、std::system_clock::time_pointに暗黙に変換可能です。基本的には、この型のオブジェクトを2つ作り差を取るようにします。結果は2つの日付の間の日数です。次は、この関数の簡単な実装です[*1]。

```
inline int number_of_days(
   int const y1, unsigned int const m1, unsigned int const d1,
   int const y2, unsigned int const m2, unsigned int const d2)
{
   using namespace date;

   return (sys_days{ year{ y1 } / month{ m1 } / day{ d1 } } -
           sys_days{ year{ y2 } / month{ m2 } / day{ d2 } }).count();
}

inline int number_of_days(date::sys_days const & first,
                          date::sys_days const & last)
{
   return (last - first).count();
}
```

これらのオーバーロード関数をどのように使うかの例をいくつか示します。

```
int main()
{
   auto diff1 = number_of_days(2016, 9, 23, 2017, 5, 15);

   using namespace date::literals;
   auto diff2 =  number_of_days(2016_y/sep/23, 15_d/may/2017);
}
```

*1 訳注：2つの日付の間の日数を求めるので、差を取った後、絶対値を取るとよいだろう。

解答41 曜日

dateライブラリを使えば、この問題も比較的簡単に解けます。しかし、今回は、次のような型を使います。

date::year_month_day
年、月（1から12）、日（1から31）のフィールドを持つ構造体。

iso_week.hヘッダのdate::iso_week::year_weeknum_weekday
年、年の何週目か、週の何日目かのフィールドを持つ構造体。このクラスは、date::year_month_dayのようなdate::sys_daysと暗黙に相互変換可能。

これで、この問題は、要求された日付を表すyear_month_dayオブジェクトを作り、そこからyear_weeknum_weekdayオブジェクトに変換して、weekday()で曜日を求めます。

```
unsigned int week_day(int const y, unsigned int const m, unsigned int const d)
{
   using namespace date;

   if (m < 1 || m > 12 || d < 1 || d > 31) return 0;

   auto const dt = date::year_month_day{ year{ y }, month{ m }, day{ d } };
   auto const tiso = iso_week::year_weeknum_weekday{ dt };

   return static_cast<unsigned int>(tiso.weekday());
}

int main()
{
    auto wday = week_day(2018, 5, 9);
}
```

解答42 年間の日と週

この2つの問題も、前の2つの問題同様に簡単でしょう。

- 1年の何日目かの計算には、与えられた日とその年の1月0日の2つのdate::sys_

daysオブジェクトの差を取る。またはその年の1月1日との差を取って1を加えてもよい。

- 1年の何週目かの計算には、**問題41**と同様にyear_weeknum_weekdayオブジェクトを作り、weeknum()値を取得します。

```
int day_of_year(int const y, unsigned int const m, unsigned int const d)
{
   using namespace date;

   if (m < 1 || m > 12 || d < 1 || d > 31) return 0;

   return (sys_days{ year{ y } / month{ m } / day{ d } } -
           sys_days{ year{ y } / jan / 0 }).count();
}

unsigned int calendar_week(int const y, unsigned int const m, unsigned int const d)
{
   using namespace date;

   if (m < 1 || m > 12 || d < 1 || d > 31) return 0;

   auto const dt = date::year_month_day{ year{ y }, month{ m }, day{ d } };
   auto const tiso = iso_week::year_weeknum_weekday{ dt };

   return static_cast<unsigned int>(tiso.weeknum());
}
```

これらの関数は、次のように使います。

```
int main()
{
   int y = 0;
   unsigned int m = 0, d = 0;
   std::cout << "Year:"; std::cin >> y;
   std::cout << "Month:"; std::cin >> m;
   std::cout << "Day:"; std::cin >> d;

   std::cout << "Calendar week:" << calendar_week(y, m, d) << std::endl;
   std::cout << "Day of year:" << day_of_year(y, m, d) << std::endl;
}
```

解答 43 複数のタイムゾーンにおける打ち合わせ時刻

タイムゾーンを操作するには、dateライブラリのtz.hヘッダを使わねばなりません。しかし、これにはIANA Time Zone Databaseをマシンにダウンロードして解凍する必要があります。

dateライブラリのためにタイムゾーンデータベースを用意する手順は次のようになります。

- https://www.iana.org/time-zonesから最新版のデータベースをダウンロードする。本書執筆時の最新版はtzdata2017c.tar.gz（翻訳時の最新版はtzdata2018e.tar.gz）。
- マシンの適当な場所にサブディレクトリtzdataで解凍する。親ディレクトリは（Windowsマシンで）c:\work\challenges\libs\dateと仮定する。
- Windowsでは、WindowsのタイムゾーンからIANAタイムゾーンにマッピングするためにwindowsZones.xmlというファイルをダウンロードする必要がある。これは、https://unicode.org/repos/cldr/trunk/common/supplemental/windowsZones.xmlにある。このファイルは、先ほど作った同じtzdataサブディレクトリに格納しなければいけない。
- プロジェクト設定で、tzdataサブディレクトリの親ディレクトリを示すプリプロセッサマクロINSTALLを定義する。この例の場合は、INSTALL=c:\\work\\challenges\\libs\\date（文字列化と連結でファイルパスを作るためにマクロを使うので、二重バックスラッシュが必要なことに注意する。こうしないと不正なパスになる）。

この問題を解くために、名前とタイムゾーンのような最小限の情報を持つ構造体userを作ります。タイムゾーンは、date::locate_zone()関数を使って作ります。

```
struct user
{
   std::string            Name;
   date::time_zone const * Zone;

   explicit user(std::string_view name, std::string_view zone)
      : Name{name.data()}, Zone(date::locate_zone(zone.data())) {}
};
```

ユーザリストと打ち合わせ開始時刻のローカルタイムを表示する関数は、与えられた時刻を参照タイムゾーンからそれぞれのタイムゾーンの時刻に変換しなければなりません。そのために、date::zoned_timeクラスの変換コンストラクタを使います。

```
template <class Duration, class TimeZonePtr>
void print_meeting_times(
   date::zoned_time<Duration, TimeZonePtr> const & time,
   std::vector<user> const & users)
{
   std::cout << std::left << std::setw(15) << std::setfill(' ')
             << "Local time: "
             << time << std::endl;

   for (auto const & user : users)
   {
      std::cout << std::left << std::setw(15) << std::setfill(' ')
                << user.Name
                << date::zoned_time<Duration, TimeZonePtr>(user.Zone, time)
                << std::endl;
   }
}
```

この関数を次のように使います。与えられた時刻（時間と分）が現在のタイムゾーンで表示されます。

```
int main()
{
   std::vector<user> users{
      user{ "Ildiko", "Europe/Budapest" },
      user{ "Jens", "Europe/Berlin" },
      user{ "Jane", "America/New_York" }
   };

   unsigned int h, m;
   std::cout << "Hour:"; std::cin >> h;
   std::cout << "Minutes:"; std::cin >> m;

   date::year_month_day today = date::floor<date::days>(ch::system_clock::now());

   auto localtime = date::zoned_time<std::chrono::minutes>(
      date::current_zone(),
      static_cast<date::local_days>(today) + ch::hours{ h } + ch::minutes{ m });

   print_meeting_times(localtime, users);
}
```

月間カレンダー

この問題の解法の一部は、これまでの解答を利用しています。月間カレンダーを出力するには次の情報が必要です。

- 月の初日の曜日。これは**問題43**のweek_day()関数を使って求められる。
- 月の日数。これはdate::year_month_day_last構造体を用いday()の値を取得することで求められる。

この情報を用いて、次を行います。

- 最初の週の最初の曜日の前に空白を出力する。
- 日の数値を1から月末まで適切な形式で出力する。
- 7日ごとに改行する（最初の週の最初の日から数えます。その日は前月に属していることもある）。

これらすべての実装は次のようになります。

```
unsigned int week_day(int const y, unsigned int const m, unsigned int const d)
{
   using namespace date;

   if (m < 1 || m > 12 || d < 1 || d > 31) return 0;

   auto const dt = date::year_month_day{ year{ y }, month{ m }, day{ d } };
   auto const tiso = iso_week::year_weeknum_weekday{ dt };

   return static_cast<unsigned int>(tiso.weekday());
}

void print_month_calendar(int const y, unsigned int m)
{
   using namespace date;
   std::cout << "Mon Tue Wed Thu Fri Sat Sun" << std::endl;

   auto first_day_weekday = week_day(y, m, 1);
   auto last_day = static_cast<unsigned int>(year_month_day_last(
      year{ y }, month_day_last{ month{ m } }).day());

   unsigned int index = 1;
   for (unsigned int day = 1; day < first_day_weekday; ++day, ++index)
```

```
   {
      std::cout << "    ";
   }

   for (unsigned int day = 1; day <= last_day; ++day)
   {
      std::cout << std::right << std::setfill(' ') << std::setw(3)
                << day << ' ';
      if (index++ % 7 == 0) std::cout << std::endl;
   }

   std::cout << std::endl;
}

int main()
{
   print_month_calendar(2017, 12);
}
```

6章 アルゴリズムとデータ構造

問題

問題45 優先度付きキュー

優先度付きキューを表すデータ構造を書きなさい。優先度が最大の要素の取得が定数時間に、要素の追加削除が対数時間計算量になるようにしなさい。キューは新たな要素を末尾に挿入し、先頭から要素を削除します。デフォルトでは、キューは要素を比較するためにoperator<を用いますが、第1引数が第2引数より小さいとtrueを返す比較関数オブジェクトをユーザが与えることができるようにしなさい。実装では、少なくとも次の操作ができなければなりません。

- push()：新たな要素の追加
- pop()：先頭要素の削除
- top()：先頭要素へのアクセス
- size()：キューにある要素の個数
- empty()：キューが空かどうか

問題46 リングバッファ

固定長のリングバッファ（ring buffer, circular buffer）を表すデータ構造を作りなさい。リングバッファでは、固定サイズを超えて要素が追加されると既存の要素を上書きします。クラスには次の機能が含まれます。

- デフォルトコンストラクタを禁止する
- 指定したサイズのオブジェクトの作成をサポートする
- バッファの容量と状態をチェックする（empty(), full(), size(), capacity()）
- 新しい要素の追加、これはバッファ内の最も古い要素を上書きする可能性がある
- バッファ内の最も古い要素を削除する
- 要素についてのイテレーションのサポート

問題 47 ダブルバッファ

読み書き2つの操作が衝突することなく、同時に読み書きできるバッファを表すクラスを書きなさい。書き出し操作が進行中にも読み込み操作が古いデータへアクセスできるようにする必要があります。新しい書き込みデータは、書き出し操作の完了後には読み取り可能でなければなりません。

問題 48 要素列の最頻出要素

与えられた要素列で、最頻出要素とその出現回数を返す関数を書きなさい。同じ最大出現回数の要素が複数ある場合、すべての要素を返します。例えば、数列{1,1,3,5,8,13,3,5,8,8,5}の場合、{5, 3}と{8, 3}を返します。

問題 49 テキストヒストグラム

与えられた英語のテキストで、各英字の出現割合を求めてヒストグラムを出力するプログラムを書きなさい。頻度は全英字数に対する各英字の出現回数の割合です。プログラムは、英字だけを計測して、数字、記号、その他の文字を無視します。頻度は、テキストサイズではなく全英字数に対する割合です。

問題 50 電話番号のリストをフィルタリング

与えられた電話番号のリストから、指定された国の電話番号だけを返す関数を書きなさい。国は、国際電話の国番号で（例えば英国の場合は44）示します。電話番号は、国番号、+国番号、あるいは国番号なしで始まる場合があります。国番号のない電話番

号は無視します。

問題51 電話番号のリストの変換

与えられた電話番号のリストを、どれも+記号が前に付いた国番号から始まる形式に変換する関数を書きなさい。電話番号の間の空白は取り除きます。入力リストと出力の例を次に示します。

```
07555 123456     => +447555123456
07555123456      => +447555123456
+44 7555 123456  => +447555123456
44 7555 123456   => +447555123456
7555 123456      => +447555123456
```

問題52 文字列の文字の順列を生成

与えられた文字列を文字に分解して並び替え、すべての順列をコンソールに出力する関数を書きなさい。この関数では、再帰を使ったものと使わないものの2つのバージョンを作りなさい。

問題53 映画の平均評価

映画のリストに対して、平均評価を計算して出力する関数を書きなさい。各映画には、1から10までの評価（1が最低、10が最高）のリストがあります。評価の計算では、平均を取る前に最高と最低の評価5％を取り除かねばなりません。結果は小数第1位まで表示します。

問題54 ペア作成アルゴリズム

要素列が与えられたときに、入力列の要素を2つずつペアにした新たな列を返す汎用関数を書きなさい。入力列が奇数個の要素の場合は、末尾の要素を無視します。例えば、入力列が`{1, 1, 3, 5, 8, 13, 21}`ならば、結果は`{ {1, 1}, {3, 5}, {8, 13} }`となります。

問題55 Zipアルゴリズム

2つの入力列に対して、それぞれの列の要素をペアにした新たな列を返す関数を書きなさい。これをZipと言います。2つの入力列の長さが異なる場合には、短いほうの列の要素をすべて含むようにします。例えば、入力列が{ 1, 2, 3, 4, 5, 6, 7, 8, 9, 10 }と{ 1, 1, 3, 5, 8, 13, 21 }ならば、結果は{ {1,1}, {2,1}, {3,3}, {4,5}, {5,8}, {6,13}, {7,21} }となります。

問題56 選択アルゴリズム

要素列と射影関数が与えられたときに、各要素を新たな値に変換して、変換された値を要素とする列を返す関数を書きなさい。例えば、id, title, authorを持つbookという型があり、bookの列を与えたなら、各bookのtitleを要素とする列を返せるようにします。次に関数の使用例を示します。

```
struct book
{
   int         id;
   std::string title;
   std::string author;
};

std::vector<book> books {
      {101, "The C++ Programming Language", "Bjarne Stroustrup"},
      {203, "Effective Modern C++", "Scott Meyers"},
      {404, "The Modern C++ Programming Cookbook", "Marius Bancila"}};

auto titles = select(books, [](book const & b) {return b.title; });
```

問題57 ソートアルゴリズム

上限と下限を定義するランダムアクセスイテレータのペアが与えられたときに、クイックソートアルゴリズムを使って、その範囲内の要素をソートする関数を書きなさい。ソート関数には、operator<を使って要素を比較し昇順に並び替えるものと、要素比較にユーザ定義の比較関数を使うものとの2つのオーバーロード関数を書きなさい。

問題 58 ノード間の最短経路

ノードのネットワークとノード間の距離が与えられたときに、指定されたノードから他の全ノード1つ1つへの最短経路と、そのときの始点から終点への経路を計算して表示するプログラムを書きなさい。入力には、次のような無向グラフを考えます。

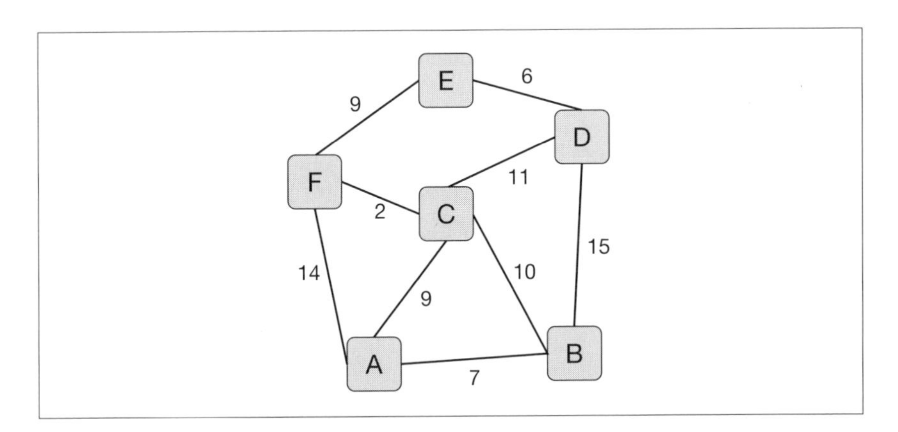

このグラフに対するプログラムの出力は次のようになります。

```
A -> A : 0     A
A -> B : 7     A -> B
A -> C : 9     A -> C
A -> D : 20    A -> C -> D
A -> E : 20    A -> C -> F -> E
A -> F : 11    A -> C -> F
```

問題 59 イタチプログラム

Richard Dawkinsのイタチコンピュータシミュレーションを実装したプログラム（イタチプログラム、https://en.wikipedia.org/wiki/Weasel_program参照）を書きなさい。ドーキンス自身の言葉では次のように説明されています（『盲目の時計職人』第3章 小さな変化を累積する、訳文は中嶋他訳、早川書房からの引用）。

> プログラムに決定的な変更を施した上で、もう一度あのコンピュータのサルを用いて、ちょうど前と同じ28文字からなるでたらめな配列を選んでやってみよう。

> (中略) この句は繰り返し複製を作るものの、その複写過程においてある確率でランダム・エラーすなわち「突然変異」を起こす。コンピュータは、その突然変異を起こした意味のない句、つまりその元の句の「子 (孫)」を検討し、たとえわずかであっても、あの目標の句、METHINKS IT IS LIKE A WEASEL (おれにはイタチのようにも見えるがな[*1]) に最もよく似ている句を選ぶ。

問題60 ライフゲーム

John Horton Conwayが提案した「ライフゲーム」セル・オートマトンを実装したプログラムを書きなさい。このゲームの盤面は、正方形のセルのグリッドで、セルは死んでいるか生きているかという2つの状態があります。どのセルも隣接するセルの状態によって1ステップごと次のような規則で状態が遷移します。

- 生きているセルは、生きている隣接セルが1つ以下だと死ぬ。人口過疎で死に絶えるようなもの。
- 生きているセルは、隣接セルが2つか3つ生きているなら次の世代でも生きている。
- 生きているセルは、隣接セルが4つ以上生きていると死ぬ。人口過剰。
- 死んでいるセルは、隣接セルがちょうど3つ生きているなら生き返る。再生。

イテレーションごとにゲームの状態をコンソールに出力します。便宜上、例えば、20行×50列のような適当なサイズを選びます。

解答

解答45 優先度付きキュー

優先度付きキューは、要素に優先度が付いている抽象データ型です。優先度付きキューは、先入れ先出しコンテナとして動作するのではなく、要素をその優先度順に取り出せるようにします。このデータ構造は、ダイクストラの最短経路アルゴリズム、プ

*1 訳注：シェイクスピアのハムレット、第3幕2場終わりにかけてのハムレットとポローニアスの有名な掛け合いの場。これはハムレットの言葉。この訳文は小田島雄志によるもの。

リムのアルゴリズム、ヒープソート、A*探索アルゴリズム、データ圧縮のハフマン符号などのアルゴリズムで使われています。

優先度付きキューを実装する非常に簡単な方法は、std::vectorを要素を格納するコンテナとして使い、常にソートされた状態に保持するものです。すなわち、最大要素と最小要素が常に両端にあります。しかし、この方式では、最も効率のよい操作にはなりません。

優先度付きキューを実装するのに最も適したデータ構造はヒープです。ヒープは木構造のデータ構造で、次のような性質を満たします。PがCの親ノードなら、Pのキー(値)は、Cのいずれのキーより大きいか等しい(最大ヒープ)、あるいは、小さいか等しい(最小ヒープ)ようになります。

標準ライブラリは、ヒープを扱うためのいくつかの操作を提供しています。

std::make_heap()
: operator<またはユーザ定義の比較関数を使い要素に順序を付けて、与えられた範囲から最大ヒープを作る。

std::push_heap()
: 最大ヒープの末尾に新たな要素を追加する。

std::pop_heap()
: ヒープの先頭要素を削除する(先頭と末尾の値を交換し、部分範囲[first, last-1)を最大ヒープにする)。

std::vectorを使ってデータを保持し、ヒープの標準関数を使って実装した優先度付きキューの実装は次のようになります。

```
template <class T, class Compare = std::less<typename std::vector<T>::value_type>>
class priority_queue
{
   typedef typename std::vector<T>::value_type      value_type;
   typedef typename std::vector<T>::size_type       size_type;
   typedef typename std::vector<T>::reference       reference;
   typedef typename std::vector<T>::const_reference const_reference;
public:
   bool empty() const noexcept { return data.empty(); }
   size_type size() const noexcept { return data.size(); }
```

```
   void push(value_type const & value)
   {
      data.push_back(value);
      std::push_heap(std::begin(data), std::end(data), comparer);
   }

   void pop()
   {
      std::pop_heap(std::begin(data), std::end(data), comparer);
      data.pop_back();
   }

   const_reference top() const { return data.front(); }
   void swap(priority_queue& other) noexcept
   {
      swap(data, other.data);
      swap(comparer, other.comparer);
   }

private:
   std::vector<T> data;
   Compare comparer;
};

template <class T, class Compare>
void swap(priority_queue<T, Compare>& lhs,
          priority_queue<T, Compare>& rhs)
          noexcept(noexcept(lhs.swap(rhs)))
{
   lhs.swap(rhs);
}
```

このクラスは次のように使えます。

```
int main()
{
   priority_queue<int> q;
   for (int i : {1, 5, 3, 1, 13, 21, 8})
   {
      q.push(i);
   }

   assert(!q.empty());
   assert(q.size() == 7);

   while (!q.empty())
```

```
    {
        std::cout << q.top() << ' ';
        q.pop();
    }
}
```

解答 46 リングバッファ

リングバッファは、あたかも両端がくっついていて、仮想的にリング状のメモリ配置になっているかのような固定長コンテナです。古いエントリが新しいエントリで上書きされ、データを保持するのに大量のメモリを必要としないことが主な利点です。リングバッファは、I/Oバッファ処理、有限ロギング（最後のメッセージだけを保持したい場合）、非同期処理用バッファなどに使われています。

次の2つの状況を区別して扱います。

1. バッファに追加された要素の個数では、まだ容量（ユーザ定義の固定サイズ）に達していない場合は、ベクトルなどの通常のコンテナと同じように振る舞う。
2. バッファに追加された要素によって、バッファが容量を超えた場合は、バッファのメモリが再利用され、古い要素が上書きされる。

このようなデータ構造は次のようなものを使って表せます。

- 要素の個数（容量）が固定されている通常のコンテナ
- 最後に挿入した要素の位置を示すヘッドポインタ
- コンテナ内の要素数を示すサイズカウンタ。これは容量を超えることはできない（越える場合は要素が上書きされる）。

リングバッファの2つの主な操作は次の通りです。

- バッファに新たな要素を追加する。ヘッドポインタ（またはインデックス）の次の位置に常に挿入する。これは以下に示すpush()メソッドである。
- 要素をバッファから取り除く。常に最も古い要素を削除する。その要素は、head - sizeの位置にある（インデックスがリング状であることを考慮に入れなければならない）。これは、次に示すpop()メソッドである。

このようなデータ構造の実装は、次のようになります。

```
template <class T>
class circular_buffer
{
   using const_iterator = circular_buffer_iterator<T>;

public:
   circular_buffer() = delete;
   explicit circular_buffer(size_t const size) : data_(size) {}

   void clear() noexcept { head_ = -1; size_ = 0; }

   bool empty() const noexcept { return size_ == 0; }
   bool full() const noexcept { return size_ == data_.size(); }
   size_t capacity() const noexcept { return data_.size(); }
   size_t size() const noexcept { return size_; }

   void push(T const item)
   {
      head_ = next_pos();
      data_[head_] = item;
      if (size_ < data_.size()) size_++;
   }

   T pop()
   {
      if (empty()) throw std::runtime_error("empty buffer");

      auto pos = first_pos();
      size_--;
      return data_[pos];
   }

   const_iterator begin() const
   {
      return const_iterator(*this, first_pos(), empty());
   }

   const_iterator end() const
   {
      return const_iterator(*this, next_pos(), true);
   }

private:
   std::vector<T> data_;
```

```
    size_t head_ = -1;
    size_t size_ = 0;

    size_t next_pos() const noexcept
    { return size_ == 0 ? 0 : (head_ + 1) % data_.size(); }

    size_t first_pos() const noexcept
    { return size_ == 0 ?
      0 : (head_ + data_.size() - size_ + 1) % data_.size(); }

    friend class circular_buffer_iterator<T>;
};
```

インデックスが連続したメモリレイアウト上を循環するので、このクラスのイテレータの型はポインタ型にはなりえません。イテレータは、インデックスに剰余演算を適用してから、要素を指す必要があります。次に示すのは、そのようなイテレータの実装例です。

```
template <class T>
class circular_buffer_iterator
{
   using self_type         = circular_buffer_iterator;
   using value_type        = T;
   using reference         = T&;
   using const_reference   = T const&;
   using pointer           = T*;
   using const_pointer     = T const*;
   using iterator_category = std::random_access_iterator_tag;
   using difference_type   = ptrdiff_t;

public:
   circular_buffer_iterator(circular_buffer<T> const & buf,
                  size_t const pos, bool const last)
                  : buffer_(buf), index_(pos), last_(last) {}

   self_type & operator++()
   {
      if (last_)
         throw std::out_of_range("Iterator cannot be incremented past the end of range.");
      index_ = (index_ + 1) % buffer_.data_.size();
      last_ = index_ == buffer_.next_pos();
      return *this;
   }

   self_type operator++(int)
```

```
    {
        self_type tmp = *this;
        ++*this;
        return tmp;
    }

    bool operator==(self_type const & other) const
    {
        assert(compatible(other));
        return index_ == other.index_ && last_ == other.last_;
    }

    bool operator!=(self_type const & other) const
    {
        return !(*this == other);
    }

    const_reference operator*() const
    {
        return buffer_.data_[index_];
    }

    const_pointer operator->() const
    {
        return std::addressof(operator*());
    }

private:
    bool compatible(self_type const & other) const
    {
        return &buffer_ == &other.buffer_;
    }

    circular_buffer<T> const & buffer_;
    size_t index_;
    bool last_;
};
```

これらすべてを実装すると、次のようなコードを書くことができます。コメントの前側は内部ベクトルの実際の内容、後ろ側は論理的な内容を示しています。

```
int main()
{
    circular_buffer<int> cbuf(5); // {0, 0, 0, 0, 0} -> {}
    cbuf.push(1);                 // {1, 0, 0, 0, 0} -> {1}
    cbuf.push(2);                 // {1, 2, 0, 0, 0} -> {1, 2}
```

```
   cbuf.push(3);              // {1, 2, 3, 0, 0} -> {1, 2, 3}

   auto item = cbuf.pop();    // {1, 2, 3, 0, 0} -> {2, 3}
   cbuf.push(4);              // {1, 2, 3, 4, 0} -> {2, 3, 4}
   cbuf.push(5);              // {1, 2, 3, 4, 5} -> {2, 3, 4, 5}
   cbuf.push(6);              // {6, 2, 3, 4, 5} -> {2, 3, 4, 5, 6}
   cbuf.push(7);              // {6, 7, 3, 4, 5} -> {3, 4, 5, 6, 7}
   cbuf.push(8);              // {6, 7, 8, 4, 5} -> {4, 5, 6, 7, 8}

   item = cbuf.pop();         // {6, 7, 8, 4, 5} -> {5, 6, 7, 8}
   item = cbuf.pop();         // {6, 7, 8, 4, 5} -> {6, 7, 8}
   item = cbuf.pop();         // {6, 7, 8, 4, 5} -> {7, 8}

   item = cbuf.pop();         // {6, 7, 8, 4, 5} -> {8}
   item = cbuf.pop();         // {6, 7, 8, 4, 5} -> {}
   cbuf.push(9);              // {6, 7, 8, 9, 5} -> {9}
}
```

解答 47 ダブルバッファ

問題文に記述されたのは典型的なダブルバッファリングの特長です。複数バッファリングの中では、ダブルバッファリングが最もよく使われます。ライタが更新した一部分だけでなく、データ全体をリーダが見ることのできる技法です。これは、特にコンピュータグラフィックスでは、ちらつきをなくすためによく用いられる技法です。

要求された機能を実装するには、バッファクラスに内部バッファが2つ必要です。1つは書き込まれる一時データを含み、もう1つは、完全な（コミットした）データを含みます。書き出し演算が完了すると、一時バッファの内容が永続バッファに書き出されます。内部バッファに関して、下記の実装では`std::vector`を使います。書き込み操作が完了したら、データをバッファ間でコピーするのではなく、2つのバッファをスワップします。このほうがはるかに高速です。完成したデータへのアクセスは、直接要素にアクセス（`operator[]`のオーバーロード）するか、`read()`関数を使い、読み込みバッファの内容を指定した出力にコピーします。読み込みバッファへのアクセスは、`std::mutex`で同期を取り、あるスレッドが書き出している途中で読み込んでも安全なようにします。

```
template <typename T>
class double_buffer
{
   typedef T          value_type;
```

```
    typedef T&        reference;
    typedef T const & const_reference;
    typedef T*        pointer;
public:
    explicit double_buffer(size_t const size) : rdbuf(size), wrbuf(size) {}

    size_t size() const noexcept { return rdbuf.size(); }

    void write(T const * const ptr, size_t const size)
    {
        std::unique_lock<std::mutex> lock(mt);
        auto length = std::min(size, wrbuf.size());
        std::copy(ptr, ptr + length, std::begin(wrbuf));
        wrbuf.swap(rdbuf);
    }

    template <class Output>
    void read(Output it) const
    {
        std::unique_lock<std::mutex> lock(mt);
        std::copy(std::cbegin(rdbuf), std::cend(rdbuf), it);
    }
    pointer data() const
    {
         std::unique_lock<std::mutex> lock(mt);
         return rdbuf.data();
    }

    reference operator[](size_t const pos)
    {
        std::unique_lock<std::mutex> lock(mt);
        return rdbuf[pos];
    }

    const_reference operator[](size_t const pos) const
    {
        std::unique_lock<std::mutex> lock(mt);
        return rdbuf[pos];
    }

    void swap(double_buffer other)
    {
        std::swap(rdbuf, other.rdbuf);
        std::swap(wrbuf, other.wrbuf);
    }
```

```
private:
   std::vector<T> rdbuf;
   std::vector<T> wrbuf;
   mutable std::mutex mt;
};
```

次は、このダブルバッファクラスを使い、2つのスレッドから書き出しと読み込みの両方を同時に行う例です。

```
template <typename T>
void print_buffer(double_buffer<T> const & buf)
{
   buf.read(std::ostream_iterator<T>(std::cout, " "));
   std::cout << std::endl;
}

int main()
{
   double_buffer<int> buf(10);

   std::thread t([&buf]() {
      for (int i = 1; i < 1000; i += 10)
      {
         int data[10] = {};
         std::iota(std::begin(data), std::end(data), i);
         buf.write(data, std::size(data));

         using namespace std::chrono_literals;
         std::this_thread::sleep_for(100ms);
      }
   });

   auto start = std::chrono::system_clock::now();
   do
   {
      print_buffer(buf);

      using namespace std::chrono_literals;
      std::this_thread::sleep_for(150ms);
   } while (std::chrono::duration_cast<std::chrono::seconds>(
            std::chrono::system_clock::now() - start).count() < 12);

   t.join();
}
```

解答 48 要素列の最頻出要素

要素列で最頻出要素を求めて、それを返すには次が必要です。

- 各要素の出現回数をstd::mapに記録する。キーが要素で、値が出現回数。
- std::max_element()を用いて出現回数最大の要素を求める。結果の型は連想記憶の要素であり、要素と出現回数のペア。
- 最大要素の値と等しい値を持つ全マップ要素をコピーして、最終結果として返す。

次のコードでは、この処理の各ステップが示されています。

```
template <typename T>
std::vector<std::pair<T, size_t>> find_most_frequent(std::vector<T> const & range)
{
   std::map<T, size_t> counts;

   for (auto const & e : range) counts[e]++;

   auto maxelem = std::max_element(
      std::cbegin(counts), std::cend(counts),
      [](auto const & e1, auto const & e2) {
         return e1.second < e2.second;
      });

   std::vector<std::pair<T, size_t>> result;

   std::copy_if(
      std::cbegin(counts), std::cend(counts),
      std::back_inserter(result),
      [maxelem](auto const & kvp) {
         return kvp.second == maxelem->second;
      });

   return result;
}
```

find_most_frequent()関数は次のように使えます。

```
int main()
{
   auto range = std::vector<int>{1,1,3,5,8,13,3,5,8,8,5};
```

```
      auto result = find_most_frequent(range);

      for (auto const & [e, count] : result)
      {
         std::cout << e << " : " << count << std::endl;
      }
   }
```

解答 49 テキストヒストグラム

ヒストグラムは、数値データの分布を表します。広く使われているヒストグラムは、写真や画像処理における、色や画像のヒストグラムです。この問題のテキストヒストグラムは、与えられたテキストにおける各文字の出現度数です。この問題は**問題48**と似ていますが、範囲の要素が英文字で、そのすべての出現回数を求めなければならないところが違います。この問題を解くには次のようにします。

- 各文字の出現回数をマップを使って数える。キーが文字で、値が出現回数となる。
- 英文字以外の文字は数えない。大文字と小文字は区別せず同じ文字として扱う。
- std::accumulate()を用いて与えられたテキストのすべての文字の出現回数を数える。
- std::for_each()または範囲指定のfor文を用いて、マップ中のすべての要素を調べ、出現度数を出現割合に変換する。

次に、この問題の実装例を示します。

```
std::map<char, double> analyze_text(std::string_view text)
{
   std::map<char, double> frequencies;
   for (char ch = 'a'; ch <= 'z'; ch++)
      frequencies[ch] = 0;

   for (auto ch : text)
   {
      if (isalpha(ch))
         frequencies[tolower(ch)]++;
   }

   auto total = std::accumulate(
      std::cbegin(frequencies), std::cend(frequencies),
```

```
      0ULL,
      [](auto const sum, auto const & kvp) {
         return sum + static_cast<unsigned long long>(kvp.second);
   });

   std::for_each(
      std::begin(frequencies), std::end(frequencies),
      [total](auto & kvp) {
         kvp.second = (100.0 * kvp.second) / static_cast<double>(total);
   });

   return frequencies;
}
```

次のプログラムは、文字の出現度数をコンソールに出力します。

```
int main()
{
   auto result = analyze_text(R"(Lorem ipsum dolor sit amet, consectetur adipiscing elit, )"
                    R"(sed do eiusmod tempor incididunt ut labore et dolore magna aliqua.)");

   for (auto const & [ch, rate] : result)
   {
      std::cout << ch << " : "
                << std::fixed
                << std::setw(5) << std::setfill(' ')
                << std::setprecision(2) << rate << std::endl;
   }
}
```

解答 50 電話番号のリストをフィルタリング

この問題の解は比較的簡単です。すべての電話番号についてイテレーションして、別のコンテナ（std::vectorなど）に国コードで始まる電話番号のコピーを作ります。指定された国コードが44なら、44と+44の両方をチェックしなければなりません。このように入力された電話番号をフィルタリングするにはstd::copy_if()関数を使用することができます。この問題に対する解の例を次に示します。

```
bool starts_with(std::string_view str, std::string_view prefix)
{
   return str.find(prefix) == 0;
}
```

```
template <typename InputIt>
std::vector<std::string> filter_numbers(InputIt begin, InputIt end,
                                        std::string const & countryCode)
{
   std::vector<std::string> result;
   std::copy_if(
      begin, end,
      std::back_inserter(result),
      [countryCode](auto const & number) {
         return starts_with(number, countryCode) ||
                starts_with(number, "+" + countryCode);
   });
   return result;
}

std::vector<std::string> filter_numbers(
   std::vector<std::string> const & numbers,
   std::string const & countryCode)
{
   return filter_numbers(std::cbegin(numbers), std::cend(numbers), countryCode);
}
```

この関数の使用例を次に示します。

```
int main()
{
   std::vector<std::string> numbers{
      "+40744909080",
      "44 7520 112233",
      "+44 7555 123456",
      "40 7200 123456",
      "7555 123456"
   };

   auto result = filter_numbers(numbers, "44");

   for (auto const & number : result)
   {
      std::cout << number << std::endl;
   }
}
```

解答 51 電話番号のリストの変換

この問題はある意味で**問題50**と似ています。しかし、指定された国コードで始まる電話番号をフィルタリングするのではなく、電話番号の先頭が+で始まる国番号になるように、各番号を変換する必要があります。次のようないくつかのケースを考慮する必要があります。

- 電話番号が0で始まる場合。これは国番号がないことを示す。電話番号に国番号を含めるには、0を+で始まる実際の国番号で置き換える。
- 電話番号が国番号で始まっている場合。この場合は先頭に+を付けるだけ。
- 電話番号が+を先頭とした国番号で始まっている場合。この場合は既に期待する形式になっている。
- 上のどれも当てはまらない場合。+のあとに国番号を付けたものと連結して、期待する形式にする。

単純化のために、電話番号が指定された国番号以外の国番号で始まる可能性は無視します。

電話番号が、指定された国番号以外で始まる場合に、それらをリストから削除するように実装を修正しなさい。

前の問題では番号列の中に空白を許していましたが、この問題の要件では空白を削除する必要があります。この目的のためには、`std::remove_if()`と`isspace()`関数が使えます。

解の実装例を次に示します。

```
bool starts_with(std::string_view str, std::string_view prefix)
{
   return str.find(prefix) == 0;
}

void normalize_phone_numbers(
   std::vector<std::string>& numbers,
   std::string const & countryCode)
{
   std::transform(
```

```
        std::cbegin(numbers), std::cend(numbers),
        std::begin(numbers),
        [countryCode](std::string const & number) {
          std::string result;
          if (number.size() > 0)
          {
            if (number[0] == '0')
              result = "+" + countryCode + number.substr(1);
            else if (starts_with(number, countryCode))
              result = "+" + number;
            else if (starts_with(number, "+" + countryCode))
              result = number;
            else
              result = "+" + countryCode + number;
          }

          result.erase(
            std::remove_if(std::begin(result), std::end(result),
                           [](const char ch) {return isspace(ch); }),
            std::end(result));
          return result;
        });
}
```

次のプログラムは、与えられた電話番号のリストを正規化して、コンソールに出力します。

```
int main()
{
  std::vector<std::string> numbers{
    "07555 123456",
    "07555123456",
    "+44 7555 123456",
    "44 7555 123456",
    "7555 123456"
  };

  normalize_phone_numbers(numbers, "44");

  for (auto const & number : numbers)
  {
    std::cout << number << std::endl;
  }
}
```

解答 52 文字列の文字の順列を生成

この問題は標準ライブラリの汎用アルゴリズムを用いて解くことができます。std::next_permutation()を使う非再帰アルゴリズムのほうが簡単です。前提条件として、operator<または指定された比較関数オブジェクトで、文字がソートでき、その順列がソートできなければいけません。この関数はソート順で次の順列に変換します。そのような順列が存在すればtrueを返し、そうでないと、先頭の順列に変換してfalseを返します。したがって、std::next_permuation()を使った非再帰実装は次のようになります。

```
void print_permutations(std::string str)
{
   std::sort(std::begin(str), std::end(str));

   do
   {
      std::cout << str << std::endl;
   } while (std::next_permutation(std::begin(str), std::end(str)));
}
```

再帰アルゴリズムは少しばかり複雑になります。1つの実装方法は入力文字列と出力文字列を使います。入力文字列が対象文字列で、出力文字列は空に初期化します。入力文字列から一度に1文字ずつ取って、出力文字列に置きます。入力文字列が空になったとき、出力文字列が順列を表します。再帰アルゴリズムは次のようになります。

- 入力文字列が空なら、出力文字列を出力して返る。
- そうでない場合は、入力文字列の全文字に対して次を行う。
  - 入力文字列の先頭の文字を切り出して、出力文字列の末尾に追加する。この関数を再帰的に呼び出す。
  - 入力文字列の先頭文字が末尾に、2番目の文字が先頭に来るようにローテートする。

このアルゴリズムを次の図解で可視化します。

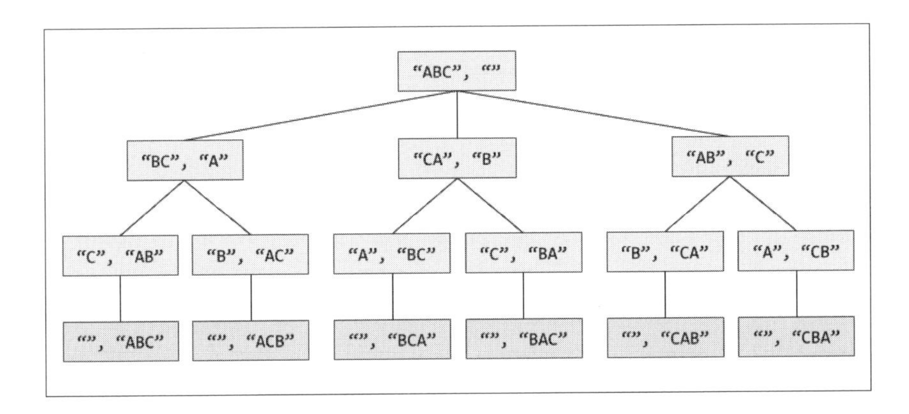

入力文字列のローテートには、標準ライブラリ関数`std::rotate()`を使います。これは左ローテートします。ここで記述した再帰アルゴリズムの実装は次のようになります。

```
void next_permutation(std::string str, std::string perm)
{
   if (str.empty()) std::cout << perm << std::endl;
   else
   {
      for (size_t i = 0; i < str.size(); ++i)
      {
         next_permutation(str.substr(1), perm + str[0]);

         std::rotate(std::begin(str), std::begin(str) + 1, std::end(str));
      }
   }
}
```

両方の実装の使用法は次のようになります。

```
void print_permutations_recursive(std::string str)
{
   next_permutation(str, "");
}

int main()
{
   std::cout << "non-recursive version" << std::endl;
   print_permutations("main");

   std::cout << "recursive version" << std::endl;
```

```
   print_permutations_recursive("main");
}
```

解答 53 映画の平均評価

この問題はトリム平均を使って映画の評価を計算する必要があります。トリム平均とは、確率分布やサンプルで、両端部分のデータを除いてから平均値を求める中心傾向を表す統計量です。通常、両端で同じ個数のデータ点を削除します。この問題では、最高と最低のユーザ評価5%ずつを取り除きます。

与えられた数値列のトリム平均を計算する関数は次を行う必要があります。

- 列をソートして要素を（昇順または降順に）整列する。
- 両端から必要なパーセント分の要素を取り除く。
- 残りの要素の総和を計算する。
- 総和を残りの要素数で割った値を平均値とする。

次に示すtruncated_mean()関数は、ここで述べたアルゴリズムを実装します。

```
double truncated_mean(std::vector<int> values, double const percentage)
{
   std::sort(std::begin(values), std::end(values));
   auto remove_count = static_cast<size_t>(values.size() * percentage + 0.5);

   values.erase(std::begin(values), std::begin(values) + remove_count);
   values.erase(std::end(values) - remove_count, std::end(values));

   auto total = std::accumulate(
      std::cbegin(values), std::cend(values),
      0ULL);

   return static_cast<double>(total) / values.size();
}
```

この関数を使って、映画の平均評価を計算して出力する関数は次のようになります。

```
struct movie
{
   int              id;
   std::string      title;
   std::vector<int> ratings;
```

```
};
void print_movie_ratings(std::vector<movie> const & movies)
{
   for (auto const & m : movies)
   {
      std::cout << m.title << " : "
                << std::fixed << std::setprecision(1)
                << truncated_mean(m.ratings, 0.05) << std::endl;
   }
}

int main()
{
   std::vector<movie> movies
   {
      { 101, "The Matrix",{ 10, 9, 10, 9, 9, 8, 7, 10, 5, 9, 9, 8 } },
      { 102, "Gladiator",{ 10, 5, 7, 8, 9, 8, 9, 10, 10, 5, 9, 8, 10 } },
      { 103, "Interstellar",{ 10, 10, 10, 9, 3, 8, 8, 9, 6, 4, 7, 10 } }
   };

   print_movie_ratings(movies);
}
```

解答 54 ペア作成アルゴリズム

この問題を解くペア作成関数は、入力列の隣接する要素をペアにして、std::pairを作成し出力列に追加します。次に示すコードには、2つの実装が示されています。

- イテレータを引数に取る汎用テンプレート関数。beginとendはイテレータが扱う入力列の範囲を指し、出力イテレータは結果が挿入される出力列での位置を指す。
- std::vector<T>を入力引数に取り、std::vector<std::pair<T, T>>を結果として返す最初の関数のオーバーロード。これは最初の関数を呼び出します。

```
template <typename Input, typename Output>
void pairwise(Input begin, Input end, Output result)
{
   auto it = begin;
   while (it != end)
   {
```

```
      auto const v1 = *it++;
      if (it == end) break;
      auto const v2 = *it++;
      result++ = std::make_pair(v1, v2);
   }
}

template <typename T>
std::vector<std::pair<T, T>> pairwise(std::vector<T> const & range)
{
   std::vector<std::pair<T, T>> result;
   pairwise(std::cbegin(range), std::cend(range), std::back_inserter(result));
   return result;
}
```

次のプログラムは、std::vector<int>の各要素のペアを作成して、コンソールに出力します。

```
int main()
{
   std::vector<int> v{ 1, 1, 3, 5, 8, 13, 21 };

   auto result = pairwise(v);

   for (auto const & [v1,v2] : result)
   {
      std::cout << '{' << v1 << ',' << v2 << '}' << std::endl;
   }
}
```

解答 55 Zipアルゴリズム

この問題は**問題54**と似ていますが、入力列が1つだけではなく2つあります。結果は前と同じくstd::pairの列です。しかし、2つの入力列は要素の型が異なる可能性があります。次に示す実装には、オーバーロードを使って2つの同名の関数を定義しています。

- イテレータを引数とする汎用関数。beginイテレータは入力列の開始位置、endイテレータは終了位置、出力イテレータは出力列で結果を挿入する位置を示す。
- 2つのstd::vector引数を取る関数。第1引数はT型の要素、第2引数はU型の要素。std::vector<std::pair<T, U>>型を返す。次のように、後者は前者を呼び出す。

```
template <typename Input1, typename Input2, typename Output>
void zip(Input1 const begin1, Input1 const end1,
         Input2 const begin2, Input2 const end2,
         Output result)
{
   auto it1 = begin1;
   auto it2 = begin2;
   while (it1 != end1 && it2 != end2)
   {
      result++ = std::make_pair(*it1++, *it2++);
   }
}

template <typename T, typename U>
std::vector<std::pair<T, U>> zip(std::vector<T> const & range1,
                                 std::vector<U> const & range2)
{
   std::vector<std::pair<T, U>> result;

   zip(std::cbegin(range1), std::cend(range1),
       std::cbegin(range2), std::cend(range2),
       std::back_inserter(result));

   return result;
}
```

次のコードでは、2つのstd::vector<int>がZipされて、その結果がコンソールに出力されます。

```
int main()
{
   std::vector<int> v1{ 1, 2, 3, 4, 5, 6, 7, 8, 9, 10 };
   std::vector<int> v2{ 1, 1, 3, 5, 8, 13, 21 };

   auto result = zip(v1, v2);
   for (auto const & [v1,v2] : result)
   {
      std::cout << '{' << v1 << ',' << v2 << '}' << std::endl;
   }
}
```

解答 56　選択アルゴリズム

実装するselect()関数は、型がstd::vector<T>の列と型Fの関数fを引数に取り、std::vector<R>型の列を返します。ここでRは、型Tの値にfを適用した結果です。std::result_of()を使って、コンパイル時に呼び出し式の結果の型を推論できます。内部的には、select()関数はstd::transform()を使って、入力ベクトルの各要素について順に関数fを適用し、結果を出力ベクトルに挿入します。

次に示すのはこの関数の実装です。

```
template <
   typename T, typename A, typename F,
   typename R = typename std::decay<typename std::result_of<
                typename std::decay<F>::type&(
                typename std::vector<T, A>::const_reference)>::type>::type>
std::vector<R> select(std::vector<T, A> const & c, F&& f)
{
   std::vector<R> v;
   std::transform(std::cbegin(c), std::cend(c),
                  std::back_inserter(v),
                  std::forward<F>(f));
   return v;
}
```

関数は次のように使います。

```
int main()
{
   std::vector<book> books{
      {101, "The C++ Programming Language", "Bjarne Stroustrup"},
      {203, "Effective Modern C++", "Scott Meyers"},
      {404, "The Modern C++ Programming Cookbook", "Marius Bancila"}};

   auto titles = select(books, [](book const & b) {return b.title; });
   for (auto const & title : titles)
   {
      std::cout << title << std::endl;
   }
}
```

解答 57 ソートアルゴリズム

クイックソートは全順序が定義されている配列の要素に対する比較ソートのアルゴリズムです。実装がよければ、マージソートやヒープソートよりずっと高速です。

最悪時のシナリオは、（範囲が既にソート済み）$O(N^2)$ 比較ですが、平均計算量は $O(N\log N)$ だけです。クイックソートは分割統治法アルゴリズムです。大きな範囲を小さな範囲に分割して再帰的にソートします。複数の分割スキーマがあります。次に示す実装では、考案者のTony Hoareが示した最初の分割スキーマを使っています。このアルゴリズムは次のような擬似コードになります。

```
algorithm quicksort(A, lo, hi) is
   if lo < hi then
       p := partition(A, lo, hi)
       quicksort(A, lo, p)
       quicksort(A, p + 1, hi)

algorithm partition(A, lo, hi) is
   pivot := A[lo]
   i := lo - 1
   j := hi + 1
   loop forever
      do
         i := i + 1
      while A[i] < pivot

      do
         j := j - 1
      while A[j] > pivot

      if i >= j then
         return j

      swap A[i] with A[j]
```

このアルゴリズムを汎用として実装するには、配列とインデックスではなくイテレータを使用する必要があります。次の実装の必要条件は、イテレータがランダムアクセスであることです（一定時間で任意の要素に移動できる）。

```
template <class RandomIt>
RandomIt partition(RandomIt first, RandomIt last)
{
```

```
   auto pivot = *first;
   auto i = first + 1;
   auto j = last - 1;
   while (i <= j)
   {
      while (i <= j && *i <= pivot) i++;
      while (i <= j && *j > pivot) j--;
      if (i < j) std::iter_swap(i, j);
   }
   std::iter_swap(i - 1, first);
   return i - 1;
}

template <class RandomIt>
void quicksort(RandomIt first, RandomIt last)
{
   if (first < last)
   {
      auto p = partition(first, last);
      quicksort(first, p);
      quicksort(p + 1, last);
   }
}
```

quicksort()は次に示すようにさまざまな型のコンテナをソートできます。

```
int main()
{
   std::vector<int> v{ 1, 5,3,8,6,2,9,7,4 };
   quicksort(std::begin(v), std::end(v));

   std::array<int, 9> a{ 1,2,3,4,5,6,7,8,9 };
   quicksort(std::begin(a), std::end(a));

   int b[]{ 9,8,7,6,5,4,3,2,1 };
   quicksort(std::begin(a), std::end(a));
}
```

ソートアルゴリズムはユーザ定義の比較関数を指定できることが要求されています。この場合の変更は分割関数においてoperator<とoperator>の代わりにユーザ定義の比較関数を用いて現在位置にある要素をピボットと比較します。

```
template <class RandomIt, class Compare>
RandomIt partitionc(RandomIt first, RandomIt last, Compare comp)
{
```

```
   auto pivot = *first;
   auto i = first + 1;
   auto j = last - 1;
   while (i <= j)
   {
      while (i <= j && comp(*i, pivot)) i++;
      while (i <= j && !comp(*j, pivot)) j--;
      if (i < j) std::iter_swap(i, j);
   }

   std::iter_swap(i - 1, first);

   return i - 1;
}

template <class RandomIt, class Compare>
void quicksort(RandomIt first, RandomIt last, Compare comp)
{
   if (first < last)
   {
      auto p = partitionc(first, last, comp);
      quicksort(first, p, comp);
      quicksort(p + 1, last, comp);
   }
}
```

このオーバーロードにより、次の例に示すように降順でソートできます。

```
int main()
{
   std::vector<int> v{ 1,5,3,8,6,2,9,7,4 };
   quicksort(std::begin(v), std::end(v), std::greater_equal<>());
}
```

クイックソートアルゴリズムの反復版の実装も可能です。

反復版の性能はほとんどの場合、再帰版と同じ$O(N\log N)$ですが、最悪時、列が既にソート済みの場合、$O(N^2)$まで性能が低下します。再帰版のアルゴリズムを反復版に変換するのは比較的簡単です。スタックを使って再帰呼び出しをエミュレートし、分割した両側を格納します。次の反復実装は、operator<を使って要素比較を行うものです。

```
template <class RandomIt>
void quicksorti(RandomIt first, RandomIt last)
{
   std::stack<std::pair<RandomIt, RandomIt>> st;
```

```
    st.push(std::make_pair(first, last));
    while (!st.empty())
    {
        auto const [first,second] = st.top();
        st.pop();

        if (second - first < 2) continue;

        auto const p = partition(first, second);

        st.push(std::make_pair(first, p));
        st.push(std::make_pair(p+1, second));
    }
}
```

反復版の実装は、再帰版の実装と同じように使用できます。

```
int main()
{
    std::vector<int> v{ 1,5,3,8,6,2,9,7,4 };
    quicksorti(std::begin(v), std::end(v));
}
```

解答 58 ノード間の最短経路

この問題を解くには、ダイクストラのアルゴリズムを用いてグラフの最短経路を求める必要があります。元のアルゴリズムは与えられた2ノードの最短経路を求めますが、この問題では指定されたノードから残りノードすべてへの最短経路を求める必要があります。これは元のアルゴリズムの別バージョンになります。

実行効率を考えて、優先度付きキューを使います。アルゴリズムの擬似コード（https://en.wikipedia.org/wiki/Dijkstra%27s_algorithmを参照）は次のようになります。

```
function Dijkstra(Graph, source):
    dist[source] ← 0                    // 初期化
    create vertex set Q
    for each vertex v in Graph:
        if v ≠ source
            dist[v] ← INFINITY          // 始点からvへの未知の距離
            prev[v] ← UNDEFINED         // vの先行ノード
        Q.add_with_priority(v, dist[v])
```

```
   while Q is not empty:              // 主ループ
      u ← Q.extract_min()             // 最良ノードを削除して返却
      for each neighbor v of u:       // Qにまだ残るvだけ
         alt ← dist[u] + length(u, v)
         if alt < dist[v]
            dist[v] ← alt
            prev[v] ← u
            Q.decrease_priority(v, alt)
   return dist[], prev[]
```

グラフの表現には次のデータ構造を使うことができます。これは、単方向もしくは双方向のグラフに使えます。このクラスは、新たなノードと辺を追加でき、ノードのリストや指定されたノードの隣接ノード（ノードとそこへの距離の両方）を返すことができます。

```
template <typename Vertex = int, typename Weight = double>
class graph
{
public:
   typedef Vertex                          vertex_type;
   typedef Weight                          weight_type;
   typedef std::pair<Vertex, Weight>       neighbor_type;
   typedef std::vector<neighbor_type>      neighbor_list_type;

   void add_edge(Vertex const source, Vertex const target, Weight const weight,
                 bool const bidirectional = true)
   {
      adjacency_list[source].push_back(std::make_pair(target, weight));
      adjacency_list[target].push_back(std::make_pair(source, weight));
   }
   size_t vertex_count() const { return adjacency_list.size(); }
   std::vector<Vertex> vertices() const
   {
      std::vector<Vertex> keys;
      for (auto const & kvp : adjacency_list)
         keys.push_back(kvp.first);
      return keys;
   }

   neighbor_list_type const & neighbors(Vertex const & v) const
   {
      auto pos = adjacency_list.find(v);
      if (pos == adjacency_list.end())
         throw std::runtime_error("vertex not found");
```

```
      return pos->second;
   }

   constexpr static Weight Infinity = std::numeric_limits<Weight>::infinity();
private:
   std::map<vertex_type, neighbor_list_type> adjacency_list;
};
```

前述の擬似コードで説明した最短経路アルゴリズムの実装は次のようになります。優先度付きキューの代わりにstd::set(自己平衡二分木)を使っています。std::setは、先頭要素の追加削除が二分ヒープ(優先度付きキューの実装に使われています)と同じ計算量$O(\log N)$です。他方、std::setは、任意の他の要素の探索削除も$O(\log N)$でできるので、追加削除を繰り返しながら経路を絞り込むステップを対数時間で実装できます。

```
template <typename Vertex, typename Weight>
void shortest_path(graph<Vertex, Weight> const & g,
                   Vertex const source,
                   std::map<Vertex, Weight>& min_distance,
                   std::map<Vertex, Vertex>& previous)
{
   auto const vertices = g.vertices();

   min_distance.clear();
   for (auto const & v : vertices)
      min_distance[v] = graph<Vertex, Weight>::Infinity;
   min_distance[source] = 0;

   previous.clear();

   std::set<std::pair<Weight, Vertex>> vertex_queue;
   vertex_queue.insert(std::make_pair(min_distance[source], source));

   while (!vertex_queue.empty())
   {
      auto dist = vertex_queue.begin()->first;
      auto u = vertex_queue.begin()->second;

      vertex_queue.erase(std::begin(vertex_queue));

      auto const & neighbors = g.neighbors(u);
      for (auto const & [v, w] : neighbors)
      {
```

```
            auto dist_via_u = dist + w;
            if (dist_via_u < min_distance[v])
            {
               vertex_queue.erase(std::make_pair(min_distance[v], v));

               min_distance[v] = dist_via_u;
               previous[v] = u;
               vertex_queue.insert(std::make_pair(min_distance[v], v));
            }
         }
      }
   }
```

次のヘルパー関数は結果を指定されたフォーマットで出力します。

```
template <typename Vertex>
void build_path(std::map<Vertex, Vertex> const & prev, Vertex const v,
                std::vector<Vertex> & result)
{
   result.push_back(v);

   auto pos = prev.find(v);
   if (pos == std::end(prev))
      return;

   build_path(prev, pos->second, result);
}

template <typename Vertex>
std::vector<Vertex> build_path(std::map<Vertex, Vertex> const & prev,
                               Vertex const v)
{
   std::vector<Vertex> result;
   build_path(prev, v, result);
   std::reverse(std::begin(result), std::end(result));
   return result;
}

template <typename Vertex>
void print_path(std::vector<Vertex> const & path)
{
   for (size_t i = 0; i < path.size(); ++i)
   {
      std::cout << path[i];
      if (i < path.size() - 1) std::cout << " -> ";
```

```
      }
   }
```

次のプログラムを使って与えられた問題を解きます[*1]。

```
   int main()
   {
      graph<char, double> g;
      g.add_edge('A', 'B', 7);
      g.add_edge('A', 'C', 9);
      g.add_edge('A', 'F', 14);
      g.add_edge('B', 'C', 10);
      g.add_edge('B', 'D', 15);
      g.add_edge('C', 'D', 11);
      g.add_edge('C', 'F', 2);
      g.add_edge('D', 'E', 6);
      g.add_edge('E', 'F', 9);

      char source = 'A';
      std::map<char, double>  min_distance;
      std::map<char, char> previous;
      shortest_path(g, source, min_distance, previous);

      for (auto const & [vertex, weight] : min_distance)
      {
         std::cout << source << " -> " << vertex << " : "
                   << weight << '\t';

         print_path(build_path(previous, vertex));

         std::cout << std::endl;
      }
   }
```

解答59 イタチプログラム

イタチプログラムはRichard Dawkinsが提案した思考実験で、わずかな改善の累積(各個体に利益となった変異が自然選択されて残る)が、迅速な結果をもたらすことを示すものです。これは、進化は飛躍的な突然変異で起きるのだという、それまで主流派だった考え方に反論するために行われたものです。Wikipedia (https://en.wikipedia.

*1 訳注:構造化束縛(C++17)を使っている。

org/wiki/Weasel_program参照）に書かれているイタチシミュレーションのアルゴリズムは次のようなものです。

1. はじめに28文字のランダムな文字列を設定する。
2. この文字列のコピーを100個作り、5%の確率で文字列の文字がランダムな文字に入れ替わるようにする。
3. 入れ替えた文字列を目標の「METHINKS IT IS LIKE A WEASEL」と比較して、同じ文字が同じ位置にある個数を数えて、それを文字列のスコアとする。
4. 入れ替えた文字列のいずれかが満点（28）を取ったら停止。
5. 満点がない場合、最高点を取った文字列でステップ2に戻る。

実装例は次のようになります。make_random()関数は、目標文字列と同じ長さのランダムな開始シーケンスを作ります。fitness()関数は、突然変異文字列のスコア（目標文字列との類似性）を計算します。mutate()関数は、指定された確率で文字を変えることにより、親から突然変異した新たな文字列を作ります。

```
class weasel
{
   std::string target;
   std::uniform_int_distribution<> chardist;
   std::uniform_real_distribution<> ratedist;
   std::mt19937 mt;
   std::string const allowed_chars = "ABCDEFGHIJKLMNOPQRSTUVWXYZ ";

public:
   explicit weasel(std::string_view t) : target(t), chardist(0, 26), ratedist(0, 100)
   {
      std::random_device rd;
      auto seed_data = std::array<int, std::mt19937::state_size> {};
      std::generate(std::begin(seed_data), std::end(seed_data), std::ref(rd));
      std::seed_seq seq(std::cbegin(seed_data), std::cend(seed_data));
      mt.seed(seq);
   }


   void run(int const copies)
   {
      auto parent = make_random();
      int step = 1;
      std::cout << std::left << std::setw(5) << std::setfill(' ') << step
                << parent << std::endl;
```

```
   do
   {
      std::vector<std::string> children;
      std::generate_n(std::back_inserter(children),
                      copies,
                      [parent, this]() {return mutate(parent, 5); });

      parent = *std::max_element(
         std::cbegin(children), std::cend(children),
            [this](std::string_view c1, std::string_view c2)
            {return fitness(c1) < fitness(c2); });

      std::cout << std::setw(5) << std::setfill(' ') << step
                << parent << std::endl;
      step++;

   } while (parent != target);
}

weasel() = delete;

int fitness(std::string_view candidate)
{
   int score = 0;
   for (size_t i = 0; i < candidate.size(); ++i)
   {
      if (candidate[i] == target[i])
         score++;
   }

   return score;
}

std::string mutate(std::string_view parent, double const rate)
{
   std::stringstream sstr;
   for (auto const c : parent)
   {
      auto nc = ratedist(mt) > rate ? c : allowed_chars[chardist(mt)];
      sstr << nc;
   }
   return sstr.str();
}

std::string make_random()
{
```

```
      std::stringstream sstr;
      for (size_t i = 0; i < target.size(); ++i)
      {
         sstr << allowed_chars[chardist(mt)];
      }
      return sstr.str();
   }
};
```

クラスの使い方は次のようになります。

```
int main()
{
   weasel w("METHINKS IT IS LIKE A WEASEL");
   w.run(100);
}
```

解答 60 ライフゲーム

このゲームをuniverseクラスで実装します。このクラスには興味深い関数があります。

- initialize()は開始レイアウトを生成する。付属のコードではもっと多くの選択肢があるが、この本では次の2つだけを示す。randomはランダムなレイアウトを生成する。ten_cell_rowは格子の中央に1行10個の生きているセルを配置する。
- reset()はすべてのセルを死んでいる状態にする。
- count_neighbors()は生きている隣接セルの個数を返す。可変引数テンプレートのヘルパー関数count_alive()を使う。
- next_generation()は、遷移規則に従ってゲームの新しい状態を生成する。
- display()はゲームの状態をコンソールに表示する。システムコールを使ってコンソールを消去するが、特定のOSのAPIなど他の手段も使える。
- run()は、開始レイアウトを初期化し、ユーザ指定の間隔でユーザ指定の回数、(0を指定すると無限大)新たな世代を生成する。

```
class universe
{
private:
   universe() = delete;
```

```
public:
   enum class seed { random, ten_cell_row };

   universe(size_t const width, size_t const height)
      : rows(height), columns(width), grid(width * height), dist(0, 4)
   {
      std::random_device rd;
      auto seed_data = std::array<int, std::mt19937::state_size> {};
      std::generate(std::begin(seed_data), std::end(seed_data), std::ref(rd));
      std::seed_seq seq(std::cbegin(seed_data), std::cend(seed_data));
      mt.seed(seq);
   }

   void run(seed const s,  int const generations,
         std::chrono::milliseconds const ms = std::chrono::milliseconds(100))
   {
      reset();
      initialize(s);
      display();

      int i = 0;
      do
      {
         next_generation();
         display();

         using namespace std::chrono_literals;
         std::this_thread::sleep_for(ms);
      } while (i++ < generations || generations == 0);
   }

private:
   void next_generation()
   {
      std::vector<unsigned char> newgrid(grid.size());

      for (size_t r = 0; r < rows; ++r)
      {
         for (size_t c = 0; c < columns; ++c)
         {
            auto count = count_neighbors(r, c);

            if (cell(c, r) == alive)
            {
               newgrid[r * columns + c] = (count == 2 || count == 3) ? alive : dead;
            }
```

```
            else
            {
               newgrid[r * columns + c] = (count == 3) ? alive : dead;
            }
         }
      }

      grid.swap(newgrid);
   }

   void reset_display() const
   {
#ifdef _WIN32
      system("cls");
#endif
   }

   void display()
   {
      reset_display();
      for (size_t r = 0; r < rows; ++r)
      {
         for (size_t c = 0; c < columns; ++c)
         {
            std::cout << (cell(c, r) ? '*' : ' ');
         }
         std::cout << std::endl;
      }
   }

   void initialize(seed const s)
   {
      if (s == seed::ten_cell_row)
      {
         for (size_t c = columns / 2 - 5; c < columns / 2 + 5; c++)
            cell(c, rows / 2) = alive;
      }
      else
      {
         for (size_t r = 0; r < rows; ++r)
         {
            for (size_t c = 0; c < columns; ++c)
            {
               cell(c, r) = dist(mt) == 0 ? alive : dead;
            }
         }
```

```
      }
   }

   void reset()
   {
      for (size_t r = 0; r < rows; ++r)
      {
         for (size_t c = 0; c < columns; ++c)
         {
            cell(c, r) = dead;
         }
      }
   }

   int count_alive() const { return 0; }

   template<typename T1, typename... T>
   auto count_alive(T1 s, T... ts) const { return s + count_alive(ts...); }

   int count_neighbors(size_t const row, size_t const col)
   {
      if (row == 0 && col == 0)
         return count_alive(cell(1, 0), cell(1,1), cell(0, 1));
      if (row == 0 && col == columns - 1)
         return count_alive(cell(columns - 2, 0), cell(columns - 2, 1), cell(columns - 1, 1));
      if (row == rows - 1 && col == 0)
         return count_alive(cell(0, rows - 2), cell(1, rows - 2), cell(1, rows - 1));
      if (row == rows - 1 && col == columns - 1)
         return count_alive(cell(columns - 1, rows - 2),
                            cell(columns - 2, rows - 2),
                            cell(columns - 2, rows - 1));
      if (row == 0 && col > 0 && col < columns - 1)
         return count_alive(cell(col - 1, 0), cell(col - 1, 1), cell(col, 1),
                            cell(col + 1, 1), cell(col + 1, 0));
      if (row == rows - 1 && col > 0 && col < columns - 1)
         return count_alive(cell(col - 1, row), cell(col - 1, row - 1), cell(col, row - 1),
                            cell(col + 1, row - 1), cell(col + 1, row));
      if (col == 0 && row > 0 && row < rows - 1)
         return count_alive(cell(0, row - 1), cell(1, row - 1), cell(1, row),
                            cell(1, row + 1), cell(0, row + 1));
      if (col == columns - 1 && row > 0 && row < rows - 1)
         return count_alive(cell(col, row - 1), cell(col - 1, row - 1), cell(col - 1, row),
                            cell(col - 1, row + 1), cell(col, row + 1));

      return count_alive(cell(col - 1, row - 1), cell(col, row - 1),
                         cell(col + 1, row - 1), cell(col + 1, row),
```

```
                        cell(col + 1, row + 1), cell(col, row + 1),
                        cell(col - 1, row + 1), cell(col - 1, row));
   }

   unsigned char & cell(size_t const col, size_t const row)
   {
      return grid[row * columns + col];
   }

private:
   size_t const rows;
   size_t const columns;

   std::vector<unsigned char> grid;
   unsigned char const alive = 1;
   unsigned char const dead = 0;

   std::uniform_int_distribution<> dist;
   std::mt19937 mt;
};
```

これはランダムな状態から100回イテレーションしてゲームを実行する方法です。

```
int main()
{
   using namespace std::chrono_literals;
   universe u(50, 20);
   u.run(universe::seed::random, 100, 100ms);
}
```

プログラムの出力例は次のようになります（ライフゲームの1回イテレーションしたときのスナップショット）。

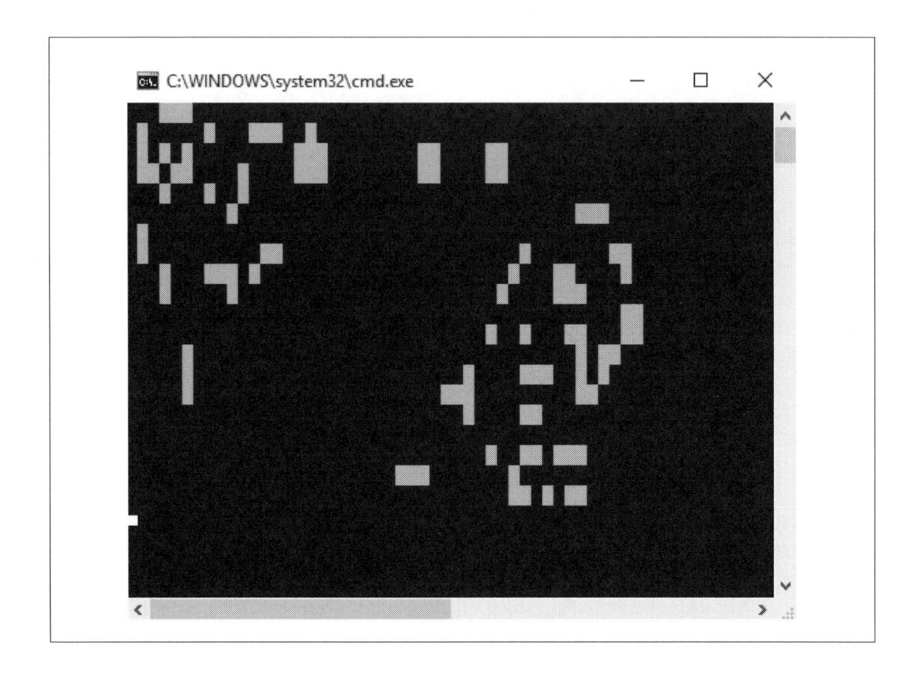
C:\WINDOWS\system32\cmd.exe

7章
並行処理

問題

問題61 並列変換アルゴリズム

与えられた1変数関数を列の要素に適用して各要素を変換します。この処理を並列に行う汎用アルゴリズムを書きなさい。1変数関数はイテレータを無効化したり、範囲の要素を変更したりしてはいけません。並列性のレベル、つまり実行スレッドの個数や並列実行の方法は、実装依存で構いません。

問題62 スレッドを用いた、最小最大要素を求める並列アルゴリズム

与えられた数値列の最小値と最大値を求める汎用の並列アルゴリズムを実装しなさい。並行スレッド数は実装依存で構いませんが、並列処理はスレッドを使って実装しなさい。

問題63 非同期関数を用いた、最小最大要素を求める並列アルゴリズム

与えられた数値列の最小値と最大値を求める汎用の並列アルゴリズムを実装しなさい。並行スレッド数は実装依存で構いませんが、並列処理は非同期関数を使って実装しなさい。

並列ソートアルゴリズム

「**6章　アルゴリズムとデータ構造**」の**問題57**で定義したソートアルゴリズムの並列版を、上限と下限を示すランダムアクセスイテレータのペアが与えられ、クイックソートアルゴリズムを使って要素をソートする方法で書きなさい。ソート関数は、要素比較に比較演算子を使いなさい。並列のレベルとその実行の方法は、実装依存で構いません。

問題65 コンソールへのスレッドセーフなロギング出力

標準出力ストリームに同期してアクセスするようにして出力の整合性を保証することで、複数のスレッドがコンソールへログメッセージ出力を安全に実行できるようにするクラスを書きなさい。ロギングコンポーネントには、コンソールへ出力するメッセージを表す文字列引数を取るメソッド`log()`を持たせなさい。

問題66 カスタマーサービスシステム

オフィスで顧客がサービスを受ける方法をシミュレーションするプログラムを書きなさい。オフィスには同時に顧客がサービスを受けるデスクが3つあります。顧客はいつでもオフィスに入ることができます。顧客はチケット発券機からサービス番号が記載されたチケットを取り、その番号が掲示されたデスクでサービスを受けるまで待ちます。顧客はオフィスに着いた順番、より正確には、チケットに記載された番号の順にサービスを受けます。サービスデスクで顧客がサービスを受け終わると次の顧客のサービスになります。シミュレーションは、ある人数の顧客全員がチケットを受け取って全員がサービスを受けると停止します。

解答

並列変換アルゴリズム

汎用関数`std::transform()`は、引数として与えられた関数を列に適用して、結果を別の（もしくは同じ）列に格納します。この問題の要求は、そのような関数の並列版を実装することです。汎用版は、列の先頭と末尾の次の要素を定義するイテレータを引数に取ります。1変数関数が列のすべての要素に同じように適用されるので、処理を並列化するのは簡単です。この作業のために、スレッドを使います。問題文で同時にいくつのスレッドが実行できるか指定されていないので、std::thread::hardware_concurrency()を使うことにします。この関数は、実装でサポートされている並行スレッドの個数についてのヒントを返します。

アルゴリズムの並列版は、列のサイズが、しきい値を超えた場合にだけ、逐次実装より性能がよくなります。しきい値は、コンパイラオプション、プラットフォーム、ハードウェアに依存して異なります。今回の実装では、しきい値は1万要素に設定します。

さまざまなしきい値と列のサイズを試して、実行時間がどのように変わるかを調べなさい。

次のptransform()関数は、要求された並列変換アルゴリズムを実装しています。列のサイズが定義されたしきい値以下であればstd::transform()を呼ぶだけです。そうでなければ、列を複数の等しい部分に分割し、それぞれにスレッドを割り当て、その部分列についてスレッドでstd::transform()を呼び出します。この場合、関数はワーカースレッドすべてが実行を完了するまで、呼び出しスレッドをブロックします。

```
template <typename RandomAccessIterator, typename F>
void ptransform(RandomAccessIterator begin, RandomAccessIterator end, F&& f)
{
   auto size = std::distance(begin, end);
   if (size <= 10000)
   {
      std::transform(begin, end, begin, std::forward<F>(f));
   }
   else
   {
      std::vector<std::thread> threads;
      int const thread_count = 10;
      auto first = begin;
      auto last = first;
      size /= thread_count;
      for (int i = 0; i < thread_count; ++i)
      {
         first = last;
         if (i == thread_count - 1) last = end;
```

```
         else std::advance(last, size);

         threads.emplace_back([first, last, &f]() {
            std::transform(first, last, first, std::forward<F>(f));
         });
      }

      for (auto & t : threads) t.join();
   }
}
```

次に示すpalter()関数は、ヘルパー関数です。ptransform()をstd::vectorに適用して、別のstd::vectorに結果を格納して返します。

```
template <typename T, typename F>
std::vector<T> palter(std::vector<T> data, F&& f)
{
   ptransform(std::begin(data), std::end(data), std::forward<F>(f));
   return data;
}
```

この関数は次のように使えます（完全な例は本書付属のソースコードにあります）。

```
int main()
{
   std::vector<int> data(1000000);
   // データをセット
   auto result = palter(data, [](int const e) {return e * e; });
}
```

C++17では、std::transform()を含む標準の汎用アルゴリズムは、指定した実行ポリシーに従ってアルゴリズムを実行する並列バージョンのオーバーロードを備えています。

解答 62 スレッドを用いた、最小最大要素を求める並列アルゴリズム

この問題とその解は、ほとんどの点で前問と似ています。わずかに違うのは、各スレッドで並行に実行される関数が、その部分列での最小値または最大値の要素を返さねばならないところです。あとで示すpprocess()関数テンプレートは、要求された機

能を次のように一般化して実装する高水準の関数です。

- 列の先頭と終端（末尾の次の要素）に対応するイテレータと、その列に適用する関数オブジェクトfを引数とする。
- 列のサイズが適当なしきい値（例えば1万以下）であれば単に引数で与えられた関数オブジェクトfを実行する。
- しきい値より大きければ、入力列を等しいサイズの部分列に分割し、それぞれを並行スレッドで実行する。
- fの並列実行の結果をstd::vectorに集め、すべてのスレッドの実行完了後、再びfを使ってstd::vectorに集めた中間結果から全体の結果を求める。

```
template <typename Iterator, typename F>
auto pprocess(Iterator begin, Iterator end, F&& f)
{
   auto size = std::distance(begin, end);
   if (size <= 10000)
   {
      return std::forward<F>(f)(begin, end);
   }
   else
   {
      int const thread_count = std::thread::hardware_concurrency();
      std::vector<std::thread> threads;
      std::vector<typename std::iterator_traits<Iterator>::value_type> mins(thread_count);

      auto first = begin;
      auto last = first;
      size /= thread_count;
      for (int i = 0; i < thread_count; ++i)
      {
         first = last;
         if (i == thread_count - 1) last = end;
         else std::advance(last, size);

         threads.emplace_back([first, last, &f, &r=mins[i]]() {
            r = std::forward<F>(f)(first, last);
         });
      }

      for (auto & t : threads) t.join();

      return std::forward<F>(f)(std::begin(mins), std::end(mins));
```

```
    }
}
```

pmin()とpmax()という2つの関数が、必要とされる汎用のminおよびmax並列アルゴリズムを実装します。この2関数は、pprocess()を呼び出し、第3引数に標準アルゴリズムstd::min_element()またはstd::max_element()を呼び出すラムダ式を渡します。

```
template <typename Iterator>
auto pmin(Iterator begin, Iterator end)
{
   return pprocess(begin, end,
                   [](auto b, auto e){return *std::min_element(b, e);});
}

template <typename Iterator>
auto pmax(Iterator begin, Iterator end)
{
   return pprocess(begin, end,
                   [](auto b, auto e){return *std::max_element(b, e);});
}
```

これらの関数は次のように使えます。

```
int main()
{
   const size_t count = 10000000;
   std::vector<int> data(count);
   // データをセット
   auto rmin = pmin(std::cbegin(data), std::cend(data));
   auto rmax = pmax(std::cbegin(data), std::cend(data));
}
```

スレッドを用いて、範囲のすべての要素の和を並列に計算する汎用アルゴリズムを実装しなさい。

解答 63　非同期関数を用いた、最小最大要素を求める並列アルゴリズム

この問題と**問題62**との唯一の相違点は、並列処理をどのように実現するかということだけです。前問では、スレッドを使うことが要求されていました。この問題では非同期関数を使わねばなりません。std::async()を使うと、関数は非同期に実行されます。

この関数はstd::promiseを作りますが、このstd::promiseが非同期に実行された関数の結果を非同期に返します。std::promiseは共有状態（関数の戻り値か関数の実行により起こされた例外のどちらかを格納します）を持ちます。この共有状態に関連付けられたstd::futureオブジェクトを使うと、異なるスレッドから共有状態にアクセスできます。std::promiseとstd::futureの組は、スレッド間通信のためのチャネルを定義します。std::async()は、作成したstd::promiseに関連付けられたstd::futureを返します。

次のpprocess()の実装では、**問題62**で使っていたスレッドが、std::async()呼び出しに置き換えられています。std::async()の第1引数としてstd::launch::asyncを指定して、遅延評価ではなく非同期実行を保証しなければならないことに注意してください。前の実装との変更部分はわずかで、前の実装でのアルゴリズム記述に基づきコードを追いかけるのは難しくないはずです。

```
template <typename Iterator, typename F>
auto pprocess(Iterator begin, Iterator end, F&& f)
{
   auto size = std::distance(begin, end);
   if (size <= 10000)
   {
      return std::forward<F>(f)(begin, end);
   }
   else
   {
      int const task_count = std::thread::hardware_concurrency();
      std::vector<std::future<typename std::iterator_traits<Iterator>::value_type>> tasks;

      auto first = begin;
      auto last = first;
      size /= task_count;
      for (int i = 0; i < task_count; ++i)
      {
         first = last;
         if (i == task_count - 1) last = end;
         else std::advance(last, size);

         tasks.emplace_back(std::async(std::launch::async,
                                       [first, last, &f]() {
                                          return std::forward<F>(f)(first, last);
                                       }));
      }
```

```
      std::vector<typename std::iterator_traits<Iterator>::value_type> mins;
      for (auto & t : tasks)
         mins.push_back(t.get());

      return std::forward<F>(f)(std::begin(mins), std::end(mins));
   }
}

template <typename Iterator>
auto pmin(Iterator begin, Iterator end)
{
   return pprocess(begin, end,
                   [](auto b, auto e){return *std::min_element(b, e);});
}

template <typename Iterator>
auto pmax(Iterator begin, Iterator end)
{
   return pprocess(begin, end,
                   [](auto b, auto e){return *std::max_element(b, e);});
}
```

この関数をどのように使うかは、次のコードからわかります。

```
int main()
{
   const size_t count = 10000000;
   std::vector<int> data(count);
   // データをセット
   auto rmin = pmin(std::begin(data), std::end(data));
   auto rmax = pmax(std::begin(data), std::end(data));
}
```

非同期関数を用いて、範囲のすべての要素の和を並列に計算する汎用の並列アルゴリズムを実装しなさい。

解答64 並列ソートアルゴリズム

既に、**解答57**でクイックソートアルゴリズムの逐次実装を行いました。クイックソートは、ピボットと呼ばれる要素を選び、ピボットより小さい要素だけを含む部分と大きい要素だけを含む部分との2つの部分にソートする列を分けていく分割統治アルゴリズムです。それぞれの部分に再帰的に同じアルゴリズムを適用し、最後には部分に1つの要素だけ、または要素がなくなるまで繰り返します。このアルゴリズムの性質から、クイックソートを簡単に並列化してアルゴリズムを2つの部分に同時に再帰的に適用できます。

pquicksort()関数は、この目的に非同期関数を用います。並列化は、列が大きくないと効率的になりません。それより小さいと、並列実行のためのコンテキストスイッチのオーバーロードが大きすぎて、並列実行時間が逐次実行時間より多くかかるというしきい値があります。次の実装では、このしきい値は10万要素に設定しています。

```
template <class RandomIt>
RandomIt partition(RandomIt first, RandomIt last)
{
   auto const pivot = *first;
   auto i = first + 1;
   auto j = last - 1;
   while (i <= j)
   {
      while (i <= j && *i <= pivot) i++;
      while (i <= j && *j > pivot) j--;
      if (i < j) std::iter_swap(i, j);
   }

   std::iter_swap(i - 1, first);

   return i - 1;
}

template <class RandomIt>
void pquicksort(RandomIt first, RandomIt last)
{
   if (first < last)
   {
      auto const p = partition(first, last);

      if (last - first <= 100000)
      {
         pquicksort(first, p);
         pquicksort(p + 1, last);
      }
      else
      {
```

```
            auto f1 = std::async(std::launch::async,
                                 [first, p]() { pquicksort(first, p);});
            auto f2 = std::async(std::launch::async,
                                 [last, p]() { pquicksort(p+1, last);});
            f1.wait();
            f2.wait();
        }
    }
}
```

さまざまな値を設定して並列版の性能が逐次版と比較してどうなるかを調べなさい。

次のコードは、pquicksort()関数を使ってランダムな整数（1から1000までの値を持つ）の大きなstd::vectorをソートする方法を示します。

```
int main()
{
   std::random_device rd;
   std::mt19937 mt;
   auto seed_data = std::array<int, std::mt19937::state_size> {};
   std::generate(std::begin(seed_data), std::end(seed_data), std::ref(rd));
   std::seed_seq seq(std::cbegin(seed_data), std::cend(seed_data));
   mt.seed(seq);
   std::uniform_int_distribution<> ud(1, 1000);

   size_t const count = 1000000;
   std::vector<int> data(count);
   std::generate_n(std::begin(data), count, [&mt, &ud]() {return ud(mt); });

   pquicksort(std::begin(data), std::end(data));
}
```

解答 65 コンソールへのスレッドセーフなロギング出力

C++はコンソールという概念を持たず、ストリームを使ってファイルのようなシーケンシャルメディアに対する入出力演算を実行します。グローバルオブジェクトstd::coutとstd::wcoutは、C出力ストリームstdoutの関連ストリームバッファへの出力を制御します。このグローバルストリームオブジェクトは、複数のスレッドからは安全にアクセスできません。安全にアクセスするには、アクセスの同期を取る必要があります。それが、この問題で要求されるコンポーネントが行うことです。

次に示すloggerクラスは、std::mutexを使って、log()メソッドでstd::coutオブジェクトに同期アクセスします。クラスは、スレッド安全なSingleton（シングルトン）として実装されます。静的メソッドinstance()は、（静的記憶域期間を持つ）ローカルな静的オブジェクトへの参照を返します。C++11では、静的オブジェクトの初期化は、たとえ複数のスレッドが同時に同じ静的オブジェクトを初期化しようとしたとしても、一度しか実行しません。そしてそのような場合には、並行スレッドは、最初に呼び出したスレッドでの初期化が完了するまでブロックされます。したがって、同期メカニズムを新たにユーザが定義する必要はありません。

```
class logger
{
protected:
   logger() = default;
public:
   static logger& instance()
   {
      static logger lg;
      return lg;
   }

   logger(logger const &) = delete;
   logger& operator=(logger const &) = delete;

   void log(std::string_view const & message)
   {
      std::lock_guard<std::mutex> lock(mt);
      std::cout << "LOG: " << message << std::endl;
   }

private:
   std::mutex mt;
};
```

このloggerクラスを使って、複数スレッドからコンソールメッセージを出力できます。

```
int main()
{
   std::vector<std::thread> modules;
```

```
   for (int id = 1; id <= 5; ++id)
   {
      modules.emplace_back([id](){
         std::random_device rd;
         std::mt19937 mt(rd());
         std::uniform_int_distribution<> ud(100, 1000);

         logger::instance().log("module " + std::to_string(id) + " started");

         std::this_thread::sleep_for(std::chrono::milliseconds(ud(mt)));

         logger::instance().log("module " + std::to_string(id) + " finished");
      });
   }

   for (auto & m : modules) m.join();
}
```

解答66 カスタマーサービスシステム

要求されている顧客サービスオフィスのシミュレーションを実装するには、複数のヘルパークラスを使います。ticketing_machineは、ユーザが指定した初期値から始めて順に増えてゆく番号のチケットを発行する非常に単純なチケット発券機のモデルとなるクラスです。customerは、オフィスに入ってチケット発券機からチケットを受け取る顧客を表すクラスです。operator<はチケット番号順にcustomerを優先度付きキューに格納するために、(friend関数を使って)オーバーロードされます。さらに、**問題65**のloggerクラスを使って、メッセージをコンソールに出力します。

```
class ticketing_machine
{
public:
   explicit ticketing_machine(int const start)
                              : first_ticket(start), last_ticket(start) {}

   int next() { return last_ticket++; }
   int last() const { return last_ticket - 1; }
   void reset() { last_ticket = first_ticket; }
private:
   int first_ticket;
   int last_ticket;
};
```

```
class customer
{
public:
   explicit customer(int const no) : number(no) {}

   int ticket_number() const noexcept { return number; }

private:
   int const number;
   friend bool operator<(customer const & l, customer const & r);
};

bool operator<(customer const & l, customer const & r)
{
   return l.number > r.number;
}
```

オフィスの各デスクは、それぞれ異なるスレッドを用いてモデル化されます。オフィスに入り、チケットを受け取って列に並んだ顧客は、別のスレッドを使ってモデル化されます。次のシミュレーションでは、新たな顧客がオフィスに200～500ミリ秒ごとに入ってきて、チケットを受け取り、優先度付きキューに入れられます。オフィススレッドの実行は、25人の顧客がオフィスに入り、優先度付きキューに置かれたところで終了します。std::condition_variableを使ってスレッド間通信を実現します。新たな顧客がキューに置かれたことと、顧客がキューから取り除かれた（これは、顧客が空いたデスクに移動したことにより起こります）ことを通知します。オフィスデスクを表すスレッドは、オフィスが開店中かまたは全顧客がサービスを受け終わる間はずっと実行されます。このシミュレーションでは、顧客はデスクで2000～3000ミリ秒時間を費やします。

```
int main()
{
   std::priority_queue<customer> customers;
   bool office_open = true;
   std::mutex mt;
   std::condition_variable cv;

   std::vector<std::thread> desks;
   for (int i = 1; i <= 3; ++i)
   {
      desks.emplace_back([i, &office_open, &mt, &cv, &customers]() {
```

```
                  std::random_device rd;
      auto seed_data = std::array<int, std::mt19937::state_size> {};
      std::generate(std::begin(seed_data), std::end(seed_data), std::ref(rd));
      std::seed_seq seq(std::cbegin(seed_data), std::cend(seed_data));
      std::mt19937 eng(seq);
      std::uniform_int_distribution<> ud(2000, 3000);

      logger::instance().log("desk " + std::to_string(i) + " open");

      while (office_open || !customers.empty())
      {
         std::unique_lock<std::mutex> locker(mt);

         cv.wait_for(locker, std::chrono::seconds(1),
                     [&customers]() {return !customers.empty(); });

         if (!customers.empty())
         {
            auto const c = customers.top();
            customers.pop();

            logger::instance().log(
               "[-] desk " + std::to_string(i) + " handling customer "
               + std::to_string(c.ticket_number()));
            logger::instance().log(
               "[=] queue size: " + std::to_string(customers.size()));

            locker.unlock();
            cv.notify_one();

            std::this_thread::sleep_for(
               std::chrono::milliseconds(ud(eng)));

            logger::instance().log(
               "[ ] desk " + std::to_string(i) + " done with customer "
               + std::to_string(c.ticket_number()));
         }
      }

      logger::instance().log("desk " + std::to_string(i) + " closed");
   });
}

std::thread store([&office_open, &customers, &cv]() {
   ticketing_machine tm(100);
   std::random_device rd;
```

```
      auto seed_data = std::array<int, std::mt19937::state_size> {};
      std::generate(std::begin(seed_data), std::end(seed_data), std::ref(rd));
      std::seed_seq seq(std::cbegin(seed_data), std::cend(seed_data));
      std::mt19937 eng(seq);
      std::uniform_int_distribution<> ud(200, 500);

      for (int i = 1; i <= 25; ++i)
      {
         customer c(tm.next());
         customers.push(c);

         logger::instance().log("[+] new customer with ticket " +
            std::to_string(c.ticket_number()));
         logger::instance().log("[=] queue size: " +
            std::to_string(customers.size()));

         cv.notify_one();
         std::this_thread::sleep_for(std::chrono::milliseconds(ud(eng)));
      }
      office_open = false;
   });

   store.join();
   for (auto & desk : desks) desk.join();
}
```

次に、この問題の実行結果の一部を示します。

```
LOG: desk 1 open
LOG: desk 2 open
LOG: desk 3 open
LOG: [+] new customer with ticket 100
LOG: [-] desk 2 handling customer 100
LOG: [=] queue size: 0
LOG: [=] queue size: 0
LOG: [+] new customer with ticket 101
LOG: [=] queue size: 1
LOG: [-] desk 3 handling customer 101
LOG: [=] queue size: 0
LOG: [+] new customer with ticket 102
LOG: [=] queue size: 1
LOG: [-] desk 1 handling customer 102
LOG: [=] queue size: 0
LOG: [+] new customer with ticket 103
LOG: [=] queue size: 1
...
```

```
LOG: [+] new customer with ticket 112
LOG: [=] queue size: 7
LOG: [+] new customer with ticket 113
LOG: [=] queue size: 8
LOG: [ ] desk 2 done with customer 103
LOG: [-] desk 2 handling customer 106
LOG: [=] queue size: 7
...
LOG: [ ] desk 1 done with customer 120
LOG: [-] desk 1 handling customer 123
LOG: [=] queue size: 1
LOG: [ ] desk 2 done with customer 121
LOG: [-] desk 2 handling customer 124
LOG: [=] queue size: 0
LOG: [ ] desk 3 done with customer 122
LOG: desk 3 closed
LOG: [ ] desk 1 done with customer 123
LOG: desk 1 closed
LOG: [ ] desk 2 done with customer 124
LOG: desk 2 closed
```

顧客がオフィスに入ってくる時間間隔、オフィスが閉店するまでにチケットを入手できる顧客の人数、サービスを受けるのにかかる時間、または、オフィスに用意されるデスクの数を変えて、どうなるか試しなさい。

8章 デザインパターン

問題

問題67 パスワードの検証

パスワードの強度が妥当なことを、前もって定められた規則に基づいて検証するプログラムを書きなさい。さまざまな規則を組み合わせることができるようにしなさい。最低限、すべてのパスワードは指定された長さ以上である必要があります。その他に、少なくとも1つの記号、数字、大文字、小文字を含まねばならないというような他の規則にも従わなければなりません。

問題68 ランダムなパスワード生成

前もって定められた規則に基づいてランダムなパスワードを生成するプログラムを書きなさい。すべてのパスワードは、指定された長さ以上である必要があります。その他に、少なくとも1つの記号、数字、大文字、小文字を含まねばならないというような生成規則を含めることができなければなりません。これらの追加規則は、選択でき、組み合わせられるようにしなさい。

問題69 社会保障番号の生成

NortheriaとSoutheriaという2か国の社会保障番号を生成するプログラムを書きなさい。この2か国では、書式がよく似ていますが少しだけ違います。

- Northeriaでは`SYYYYMMDDNNNNNC`という形式で、`S`は性別、9が女性、7が男性を表す数字、`YYYYMMDD`は出生日、`NNNNN`はその1日の中では互いに異なる5桁のランダムな数字（異なる日付で同じ番号になることもあるが、同じ日付では異なる番号）、`C`はあとで説明するように計算される、11の倍数になるチェックサムの数字。
- Southeriaでは`SYYYYMMDDNNNNC`という形式で、`S`は性別、1が女性、2が男性を表す数字、`YYYYMMDD`は出生日、`NNNN`はその1日の中では互いに異なる4桁のランダムな数字、`C`はあとで説明するように計算される、10の倍数になるチェックサムの数字。

チェックサムは、全数字に重み（その数字の桁から右端までの桁数）を掛けて足し合わせたものです。例えば、Southeriaで12017120134895という番号のチェックサムは次のように計算されます。

```
crc = 14*1 + 13*2 + 12*0 + 11*1 + 10*7 + 9*1 + 8*2 + 7*0 + 6*1 + 5*3
    + 4*4 + 3*8 + 2*9 + 1*5
    = 230 = 23 * 10
```

問題70 承認システム

企業の購買部門で従業員の物品購入（または経費）を承認するためのプログラムを書きなさい。従業員は、その地位に応じて、定まった額までの費用請求のみを承認することができます。例えば、一般従業員は、1,000貨幣単位の支払いまで、チームマネージャは、10,000貨幣単位の支払いまで、部門長は100,000貨幣単位の支払いまでを承認できます。その限度額以上の支払いは、社長の承認が必要です。

問題71 観察可能なベクトルコンテナ

`std::vector`のように振る舞うが、登録された参加者に内部状態の変化を通知するクラステンプレートを書きなさい。クラスは、少なくとも次のような操作を用意する必要があります。

- クラスの新たなインスタンスを作るためのさまざまなコンストラクタ
- コンテナに値を代入する`operator=`

- コンテナの末尾に新たな要素を追加するpush_back()
- コンテナから末尾の要素を取り除くpop_back()
- コンテナからすべての要素を取り除くclear()
- コンテナにある要素数を返すsize()
- コンテナが空かそれとも要素があるかを示すempty()

operator=, push_back(), pop_back(), clear()は、登録された参加者に状態変化を通知する必要があります。通知には、変化の種類、いつ起こったか、(追加や削除など)変更された要素のインデックスを含む必要があります。

問題72 値引きした価格を計算

小売店ではさまざまな商品を販売しており、特定の顧客、特定の品目、あるいは特定の注文ごとに、さまざまな種類の値引きを提供します。次のような種類の値引きが提供されています。

- 品目や販売量とは関係なく一定の比率、例えば5%を値引く。
- 品目ごとに定められた数量を超えて購入する場合、例えば10%を値引く。
- ある品目を定められた金額を超えて購入する場合。例えばある品目を100ドルを超えて購入する場合に15%を値引く。その品目が1つ5ドルなら、30個買えば150ドルになるので、15%の値引きを適用する。
- 注文全体に対する(品目や数量に関係ない)値引き。

ある注文に対して値引きした最終価格を計算するプログラムを書きなさい。最終価格はさまざまな方法で計算できます。例えば、複数の値引きを重ねて適用することもできます。あるいは、ある品目に関する値引きを適用したなら、特定顧客に対する値引きまたは総購入額に関する値引きは適用できません。

解答

解答 67 パスワードの検証

ここで記述された問題は、デコレータ（Decorator）パターンの典型的なものです。デコレータパターンを使えば、同じ型の他のオブジェクトに影響を与えることなくオブジェクトの振る舞いを追加することができます。これは、オブジェクトを他のオブジェクトの中にラッピングすることで実現されます。複数のデコレータを積み重ねて、新たな機能を追加していくことができます。この問題では、必要な機能は、与えられたパスワードが要求を満たしていることを検証する機能です。

次のクラス図は、パスワード検証のパターンを記述しています。

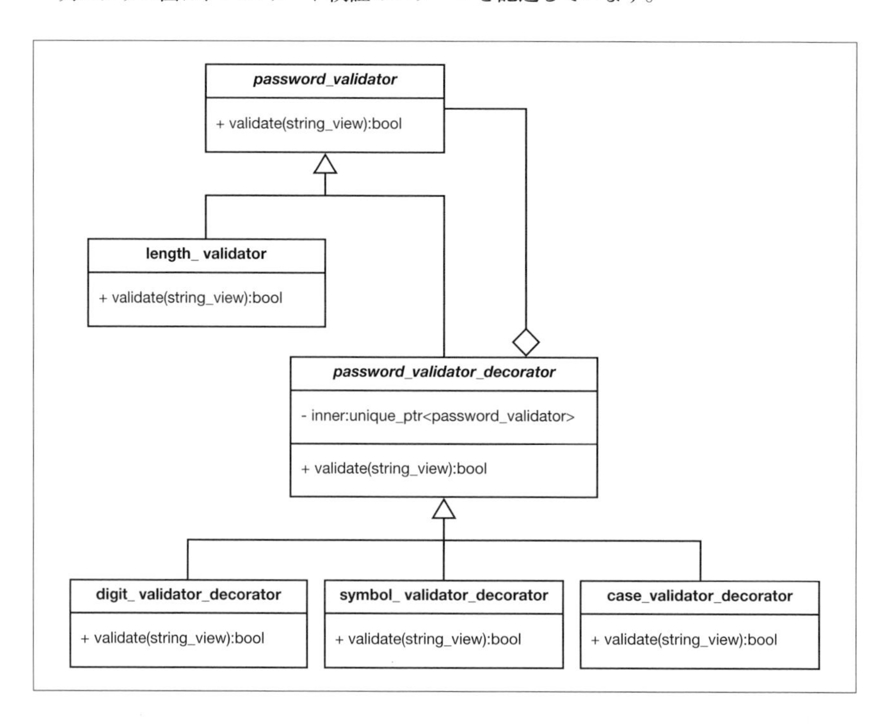

このクラス図に書かれたパターンの実装は次のようになります。

```
class password_validator
{
```

```
public:
   virtual bool validate(std::string_view password) = 0;
   virtual ~password_validator() = default;
};

class length_validator final : public password_validator
{
public:
   explicit length_validator(unsigned int min_length) : length(min_length) {}

   virtual bool validate(std::string_view password) override
   {
      return password.length() >= length;
   }

private:
   unsigned int const length;
};

class password_validator_decorator : public password_validator
{
public:
   explicit password_validator_decorator(
   std::unique_ptr<password_validator> validator) : inner(std::move(validator))
   {
   }

   virtual bool validate(std::string_view password) override
   {
      return inner->validate(password);
   }

private:
   std::unique_ptr<password_validator> inner;
};

class digit_password_validator final : public password_validator_decorator
{
public:
   explicit digit_password_validator(
   std::unique_ptr<password_validator> validator) : password_validator_decorator(
   std::move(validator)) {}

   virtual bool validate(std::string_view password) override
   {
      if (!password_validator_decorator::validate(password))
```

```
         return false;

      return password.find_first_of("0123456789") != std::string::npos;
   }
};

class case_password_validator final : public password_validator_decorator
{
public:
   explicit case_password_validator(std::unique_ptr<password_validator> validator)
                           : password_validator_decorator(std::move(validator)) {}

   virtual bool validate(std::string_view password) override
   {
      if (!password_validator_decorator::validate(password))
         return false;

      bool const haslower = std::any_of(std::cbegin(password),
                                        std::cend(password), islower);
      bool const hasupper = std::any_of(std::cbegin(password),
                                        std::cend(password), isupper);

      return haslower && hasupper;
   }
};

class symbol_password_validator final : public password_validator_decorator
{
public:
   explicit symbol_password_validator(std::unique_ptr<password_validator> validator)
                              : password_validator_decorator(std::move(validator)) {}

   virtual bool validate(std::string_view password) override
   {
      if (!password_validator_decorator::validate(password))
         return false;

      return password.find_first_of("!@#$%^&*(){}[]?<>") != std::string::npos;
   }
};
```

password_validatorは基底クラスで、パスワードを表す文字列の引数を取るvalidate()という仮想メソッドを1つ持ちます。このクラスを継承したlength_validatorは、パスワードが最低限の長さを持つという不可欠な要求を満たしていることを検証します。

password_validator_decoratorもpassword_validatorを継承して、内部にpassword_validatorのコンポーネントを保持しています。password_validatorのvalidate()実装は、そのままinner->validate()を呼び出すだけです。他のdigit_password_validator, case_password_validator, symbol_password_validatorクラスは、password_validator_decoratorを継承して、それぞれ異なる観点でのパスワード強度の要求を満たしていることを検証します。

次の例は、これらのクラスを組み合わせてさまざまなパスワード検証プログラムを作るにはどうすればよいかを示します。

```
int main()
{
   auto validator1 = std::make_unique<digit_password_validator>(
                        std::make_unique<length_validator>(8));

   assert(validator1->validate("abc123!@#"));
   assert(!validator1->validate("abcde!@#"));

   auto validator2 = std::make_unique<symbol_password_validator>(
                  std::make_unique<case_password_validator>(
                     std::make_unique<digit_password_validator>(
                        std::make_unique<length_validator>(8))));

   assert(validator2->validate("Abc123!@#"));
   assert(!validator2->validate("Abc123567"));
}
```

解答 68 ランダムなパスワード生成

この問題は、コンポジット (Composite) パターンかその変形を使って解くことができます。コンポジットパターンは、オブジェクトをツリー状の階層に合成して、オブジェクトのグループ (またはツリー) を同じ型の個々のオブジェクトと同じように扱えるようにします。次のクラス図では、パスワード生成に使われるクラス階層を表します。

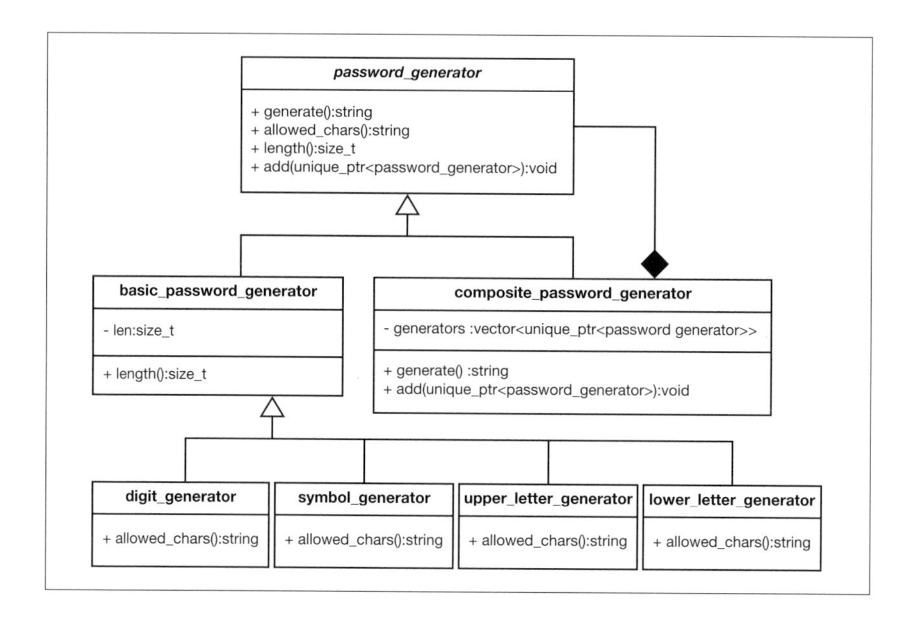

password_generatorが基底クラスで、次のような仮想メソッドを持ちます。generate()は新たなランダム文字列を返します。length()は生成される文字列の長さを指定します。allowed_chars()はパスワード生成に使うことができるすべての文字の文字列を返します。add()は、新たな子コンポーネントを合成したジェネレータに追加します。basic_password_generatorは、この基底クラスを継承して、最短長の生成プログラムを定義します。digit_generator, symbol_generator, upper_letter_generator, lower_letter_generatorはbasic_password_generatorを継承して、allowed_chars()をオーバライドし、ランダムな文字列を生成するのに使うことができる文字の部分集合を定義します。

composite_password_generatorもpassword_generatorを継承して、ランダムな文字列を合成するのに使われるpassword_generatorオブジェクトの集まりを保持します。文字列合成は、オーバライドされたgenerate()メソッドで行われ、子コンポーネントにより生成されたすべての文字列を連結して、それをランダムにシャッフルして、パスワードを表す最終的な文字列を生成します。

```
class password_generator
{
public:
```

```
    virtual std::string generate() = 0;

    virtual std::string allowed_chars() const = 0;
    virtual size_t length() const = 0;
    virtual void add(std::unique_ptr<password_generator> generator) = 0;

    virtual ~password_generator() = default;
};

class basic_password_generator : public password_generator
{
    size_t const len;
public:
    explicit basic_password_generator(size_t const len) noexcept : len(len) {}

    virtual std::string generate() override
    { throw std::runtime_error("not implemented"); }

    virtual void add(std::unique_ptr<password_generator>) override
    { throw std::runtime_error("not implemented"); }

    virtual size_t length() const noexcept override final
    {return len;}
};

class digit_generator : public basic_password_generator
{
public:
    explicit digit_generator(size_t const len) noexcept
    : basic_password_generator(len) {}

    virtual std::string allowed_chars() const override
    {return "0123456789";}
};

class symbol_generator : public basic_password_generator
{
public:
    explicit symbol_generator(size_t const len) noexcept
    : basic_password_generator(len) {}

    virtual std::string allowed_chars() const override
    {return "!@#$%^&*(){}[]?<>";}
};

class upper_letter_generator : public basic_password_generator
```

```
{
public:
   explicit upper_letter_generator(size_t const len) noexcept
   : basic_password_generator(len) {}

   virtual std::string allowed_chars() const override
   {return "ABCDEFGHIJKLMNOPQRSTUVXYWZ";}
};

class lower_letter_generator : public basic_password_generator
{
public:
   explicit lower_letter_generator(size_t const len) noexcept
   : basic_password_generator(len) {}

   virtual std::string allowed_chars() const override
   {return "abcdefghijklmnopqrstuvxywz";}
};

class composite_password_generator : public password_generator
{
   virtual std::string allowed_chars() const override
   { throw std::runtime_error("not implemented"); };
   virtual size_t length() const override
   { throw std::runtime_error("not implemented"); };
public:
   composite_password_generator()
   {
      auto seed_data = std::array<int, std::mt19937::state_size> {};
      std::generate(std::begin(seed_data), std::end(seed_data), std::ref(rd));
      std::seed_seq seq(std::cbegin(seed_data), std::cend(seed_data));
      eng.seed(seq);
   }

   virtual std::string generate() override
   {
      std::string password;
      for (auto & generator : generators)
      {
         std::string chars = generator->allowed_chars();
         std::uniform_int_distribution<> ud(0, static_cast<int>(chars.length() - 1));

         for (size_t i = 0; i < generator->length(); ++i)
            password += chars[ud(eng)];
      }
```

```
      std::shuffle(std::begin(password), std::end(password), eng);

      return password;
   }

   virtual void add(std::unique_ptr<password_generator> generator) override
   {
      generators.push_back(std::move(generator));
   }

private:
   std::random_device rd;
   std::mt19937 eng;
   std::vector<std::unique_ptr<password_generator>> generators;
};
```

上記のコードを使って、次のようにパスワード生成ができます。

```
int main()
{
   composite_password_generator generator;
   generator.add(std::make_unique<symbol_generator>(2));
   generator.add(std::make_unique<digit_generator>(2));
   generator.add(std::make_unique<upper_letter_generator>(2));
   generator.add(std::make_unique<lower_letter_generator>(4));

   auto const password = generator.generate();
}
```

このようにして生成されたパスワードが本当に要求を満たしているか、**問題67**で作ったパスワード検証プログラムを用いて確認することができます。

解答 69 社会保障番号の生成

2か国のフォーマットはよく似ていますが、細かく見ると次のような点が違います。

- 性別を表す数値
- 乱数部分の桁数、それに伴って全体の桁数
- チェックサムを計算するときの倍数

この問題は、テンプレートメソッド（TemplateMethod）デザインパターンを使って解けますが、それは、アルゴリズムのスケルトンを定義して、特定のステップをサブクラ

スで再定義します。

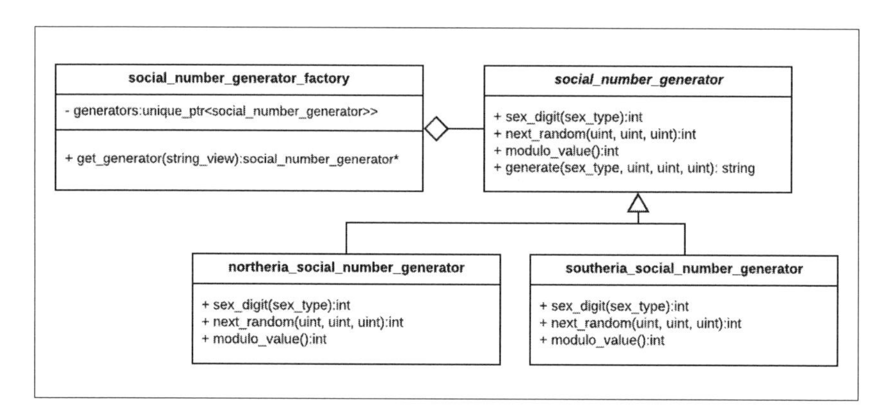

social_number_generatorは、指定された性別と生年月日で新たな社会保障番号を生成するgenerate()というpublicメソッドを持つ基底クラスです。このメソッドは、内部的にはsex_digit(), next_random(), modulo_value()というようなprotected仮想メソッドを呼び出します。これらの仮想メソッドは、northeria_social_number_generatorとsoutheria_social_number_generatorという2つの派生クラスでオーバライドされます。さらに、factoryクラスがこれら2つの社会保障番号生成クラスのインスタンスを保持して、呼び出し元のクライアントから使えるようにします。

```
enum class sex_type {female, male};

class social_number_generator
{
protected:
   virtual int sex_digit(sex_type const sex) const noexcept = 0;
   virtual int next_random(unsigned int const year, unsigned int const month,
                           unsigned int const day) = 0;
   virtual int modulo_value() const noexcept = 0;

   social_number_generator(int const min, int const max) : ud(min, max)
   {
      std::random_device rd;
      auto seed_data = std::array<int, std::mt19937::state_size> {};
      std::generate(std::begin(seed_data), std::end(seed_data), std::ref(rd));
      std::seed_seq seq(std::cbegin(seed_data), std::cend(seed_data));
      eng.seed(seq);
   }
```

```
public:
   std::string generate(
      sex_type const sex,
      unsigned int const year, unsigned int const month, unsigned int const day)
   {
      std::stringstream snumber;

      snumber << sex_digit(sex);
      snumber << year << month << day;
      snumber << next_random(year, month, day);
      auto const number = snumber.str();

      auto index = number.length();
      auto const sum = std::accumulate(std::begin(number), std::end(number), 0U,
           [&index](unsigned int const s, char const c) {
                 return s + static_cast<unsigned int>(index-- * (c - '0'));});

      auto const rest = sum % modulo_value();
      snumber << modulo_value() - rest;
      return snumber.str();
   }

   virtual ~social_number_generator() = default;

protected:
   std::map<unsigned, int> cache;
   std::mt19937 eng;
   std::uniform_int_distribution<> ud;
};

class southeria_social_number_generator final : public social_number_generator
{
public:
   southeria_social_number_generator() : social_number_generator(1000, 9999) {}

protected:
   virtual int sex_digit(sex_type const sex) const noexcept override
   {
      if (sex == sex_type::female) return 1;
      else return 2;
   }

   virtual int next_random(unsigned int const year, unsigned int const month,
                           unsigned int const day) override
   {
      auto const key = year * 10000 + month * 100 + day;
```

```
      while(true)
      {
         auto const number = ud(eng);
         auto const pos = cache.find(number);
         if (pos == std::end(cache))
         {
            cache[key] = number;
            return number;
         }
      }
   }

   virtual int modulo_value() const noexcept override
   {
      return 11;
   }
};

class northeria_social_number_generator final : public social_number_generator
{
public:
   northeria_social_number_generator() : social_number_generator(10000, 99999) {}

protected:
   virtual int sex_digit(sex_type const sex) const noexcept override
   {
      if (sex == sex_type::female) return 9;
      else return 7;
   }

   virtual int next_random(unsigned int const year, unsigned int const month,
                           unsigned int const day) override
   {
      auto const key = year * 10000 + month * 100 + day;
      while(true)
      {
         auto const number = ud(eng);
         auto const pos = cache.find(number);
         if (pos == std::end(cache))
         {
            cache[key] = number;
            return number;
         }
      }
   }

   virtual int modulo_value() const noexcept override
```

```
   {
      return 11;
   }
};

class social_number_generator_factory
{
public:
   social_number_generator_factory()
   {
      generators["northeria"] =
      std::make_unique<northeria_social_number_generator>();
      generators["southeria"] =
      std::make_unique<southeria_social_number_generator>();
   }

   social_number_generator* get_generator(std::string const & country) const
   {
      auto const it = generators.find(country.c_str());
      if (it != std::end(generators))
         return it->second.get();

      throw std::runtime_error("invalid country");
   }

private:
   std::map<std::string, std::unique_ptr<social_number_generator>> generators;
};
```

このコードを使って、社会保障番号が次のように生成できます。

```
int main()
{
   social_number_generator_factory factory;

   auto sn1 = factory.get_generator("northeria")->generate(
                 sex_type::female, 2017, 12, 25);
   auto sn2 = factory.get_generator("northeria")->generate(
                 sex_type::female, 2017, 12, 25);
   auto sn3 = factory.get_generator("northeria")->generate(
                 sex_type::male, 2017, 12, 25);

   auto ss1 = factory.get_generator("southeria")->generate(
                 sex_type::female, 2017, 12, 25);
   auto ss2 = factory.get_generator("southeria")->generate(
                 sex_type::female, 2017, 12, 25);
```

```
    auto ss3 = factory.get_generator("southeria")->generate(
                sex_type::male, 2017, 12, 25);
}
```

解答 70 承認システム

ここで述べられている問題は、一連のif ... else if ... else ... endif文で表現できます。このイディオムのオブジェクト指向版が責任のたらい回し（Chain of Responsibility）パターンです。このパターンでは、リクエストを処理するか（もしあるなら）次のレシーバに渡すという一連のレシーバオブジェクトを定義します。次のクラス図がこの問題のパターンの実装例を示します。

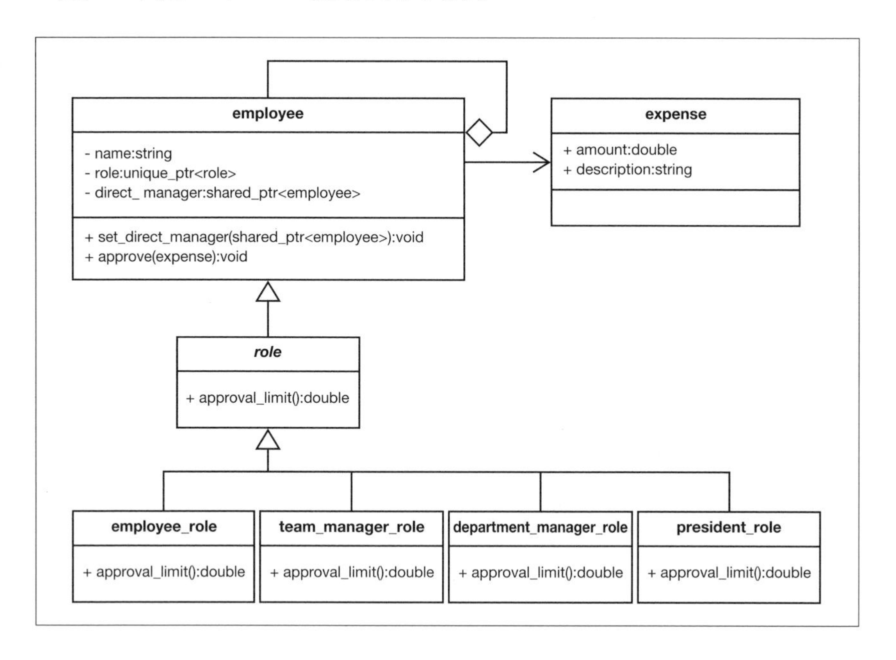

employeeは、会社内の従業員を表すクラスです。従業員は、set_direct_manager()メソッドで設定される直属マネージャを持つことができます。どの従業員にも、名前と、責任と許可権限を定義する役割があります。roleは役割の抽象基底クラスで、純粋仮想メソッドapproval_limit()を持ちます。これの派生クラスであるemployee_role, team_manager_role, department_manager_role, president_roleは、approval_limit()

をオーバライドして各従業員が承認できる経費の限度額を定めます。employeeクラスのapprove()メソッドは、従業員の経費処理に使われます。その従業員が承認できる金額以下であれば、従業員はそれを行います。そうでない場合、直属マネージャが定義されていれば、要求をその直属マネージャに渡します。

```
class role
{
public:
   virtual double approval_limit() const noexcept = 0;
   virtual ~role() = default;
};

class employee_role : public role
{
public:
   virtual double approval_limit() const noexcept override
   {
      return 1000.0;
   }
};

class team_manager_role : public role
{
public:
   virtual double approval_limit() const noexcept override
   {
      return 10000.0;
   }
};

class department_manager_role : public role
{
public:
   virtual double approval_limit() const noexcept override
   {
      return 100000.0;
   }
};

class president_role : public role
{
public:
   virtual double approval_limit() const noexcept override
   {
```

```
      return std::numeric_limits<double>::max();
   }
};

struct expense
{
   double const amount;
   std::string const description;

   expense(double const amount, std::string_view desc)
      : amount(amount), description(desc) {}
};

class employee
{
public:
   employee(std::string_view name, std::unique_ptr<role> ownrole)
      : name(name), own_role(std::move(ownrole)) {}

   void set_direct_manager(std::shared_ptr<employee> manager)
   {
      direct_manager = manager;
   }

   void approve(expense const & e)
   {
      if (e.amount <= own_role->approval_limit())
         std::cout << name << " approved expense '" << e.description
                   << "', cost=" << e.amount << std::endl;
      else if (direct_manager != nullptr)
         direct_manager->approve(e);
   }

private:
   std::string const           name;
   std::unique_ptr<role> const own_role;
   std::shared_ptr<employee>   direct_manager;
};
```

次の例は、このコードが支払い承認にどのように使われるかを示します。

```
int main()
{
   auto john = std::make_shared<employee>("john smith",
                          std::make_unique<employee_role>());
```

```
    auto robert = std::make_shared<employee>("robert booth",
                    std::make_unique<team_manager_role>());

    auto david = std::make_shared<employee>("david jones",
                 std::make_unique<department_manager_role>());

    auto cecil = std::make_shared<employee>("cecil williamson",
                    std::make_unique<president_role>());

    john->set_direct_manager(robert);
    robert->set_direct_manager(david);
    david->set_direct_manager(cecil);

    john->approve(expense{500, "magazins"});
    john->approve(expense{5000, "hotel accomodation"});
    john->approve(expense{50000, "conference costs"});
    john->approve(expense{200000, "new lorry"});
}
```

解答 71 観察可能なベクトルコンテナ

この問題で述べられている観察可能なベクトルは、オブザーバ（Observer）と呼ばれるデザインパターンで典型的なサブジェクト（Subject）の例です。このパターンでは、**サブジェクト**と呼ばれるオブジェクトを記述します。サブジェクトは、オブザーバと呼ばれる依存オブジェクトのリストを保持して、サブジェクトのどれかの状態が変わるとメソッドを呼び出すことによってオブザーバに通知します。次に示すクラス図は、この問題の趣旨に沿ったパターンの実装例を示します。

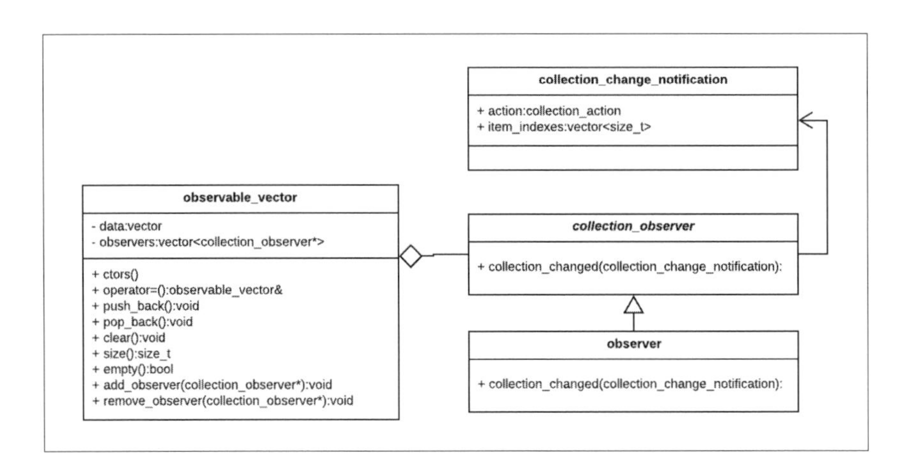

observable_vectorはstd::vectorをラップして必要な操作を備えたクラスです。collection_observerオブジェクトへのポインタのリストも保持します。observable_vectorにおける状態変化があったとき通知を希望するオブジェクトの基底クラスがcollection_observerです。collection_observerには、collection_changed()と呼ばれる仮想メソッドがあり、変化についての情報を含む、collection_changed_notification型の引数を取ります。observable_vectorの内部状態で何か変化が起きると、登録されたオブザーバが持つメソッドを呼び出します。observable_vectorが持つオブザーバは、add_observer()メソッドで追加したり、remove_observer()メソッドを呼び出してstd::vectorから削除できます。

```
enum class collection_action
{
   add,
   remove,
   clear,
   assign
};

std::string to_string(collection_action const action)
{
   switch(action)
   {
      case collection_action::add:    return "add";
      case collection_action::remove: return "remove";
      case collection_action::clear:  return "clear";
```

```
      case collection_action::assign: return "assign";
   }
}

struct collection_change_notification
{
   collection_action   action;
   std::vector<size_t> item_indexes;
};

class collection_observer
{
public:
   virtual void collection_changed(collection_change_notification notification) = 0;
   virtual ~collection_observer() = default;
};

template <typename T, class Allocator = std::allocator<T>>
class observable_vector final
{
   typedef typename std::vector<T, Allocator>::size_type size_type;
public:
   observable_vector() noexcept(noexcept(Allocator()))
      : observable_vector( Allocator() ) {}
   explicit observable_vector(const Allocator& alloc) noexcept
      : data(alloc){}
   observable_vector(size_type count,
                     const T& value, const Allocator& alloc = Allocator())
      : data(count, value, alloc){}
   explicit observable_vector(size_type count,
                              const Allocator& alloc = Allocator() )
      : data(count, alloc){}
   observable_vector(observable_vector&& other) noexcept
      : data(other.data){}
   observable_vector(observable_vector&& other, const Allocator& alloc)
      : data(other.data, alloc){}
   observable_vector(std::initializer_list<T> init,
                     const Allocator& alloc = Allocator())
      : data(init, alloc){}
   template<class InputIt>
   observable_vector(InputIt first, InputIt last,
                     const Allocator& alloc = Allocator())
                     : data(first, last, alloc){}

   observable_vector& operator=(observable_vector const & other)
   {
```

```
   if (this != &other)
   {
      data = other.data;

      for (auto o : observers)
      {
         if (o != nullptr)
         {
            o->collection_changed({
               collection_action::assign,
               std::vector<size_t> {}
            });
         }
      }
   }

   return *this;
}

observable_vector& operator=(observable_vector&& other)
{
   if (this != &other)
   {
      data = std::move(other.data);

      for (auto o : observers)
      {
         if (o != nullptr)
         {
            o->collection_changed({
               collection_action::assign,
               std::vector<size_t> {}
            });
         }
      }
   }

   return *this;
}

void push_back(T&& value)
{
   data.push_back(value);

   for (auto o : observers)
   {
```

```
      if (o != nullptr)
      {
         o->collection_changed({
            collection_action::add,
            std::vector<size_t> {data.size()-1}
         });
      }
   }
}

void pop_back()
{
   data.pop_back();

   for (auto o : observers)
   {
      if (o != nullptr)
      {
         o->collection_changed({
            collection_action::remove,
            std::vector<size_t> {data.size()+1}
         });
      }
   }
}

void clear() noexcept
{
   data.clear();

   for (auto o : observers)
   {
      if (o != nullptr)
      {
         o->collection_changed({
            collection_action::clear,
            std::vector<size_t> {}
         });
      }
   }
}

size_type size() const noexcept
{
   return data.size();
}
```

```
    [[nodiscard]] bool empty() const noexcept
    {
       return data.empty();
    }

    void add_observer(collection_observer * const o)
    {
       observers.push_back(o);
    }

    void remove_observer(collection_observer const * const o)
    {
       observers.erase(std::remove(std::begin(observers), std::end(observers), o),
                       std::end(observers));
    }

private:
    std::vector<T, Allocator> data;
    std::vector<collection_observer*> observers;
};

class observer : public collection_observer
{
public:
    virtual void collection_changed(
                    collection_change_notification notification) override
    {
       std::cout << "action: " << to_string(notification.action);
       if (!notification.item_indexes.empty())
       {
          std::cout << ", indexes: ";
          for (auto const i : notification.item_indexes)
             std::cout << i << ' ';
       }
       std::cout << std::endl;
    }
};
```

observable_vectorクラスを使い、内部状態の変化の通知を受け取る例を次に示します。

```
int main()
{
    observable_vector<int> v;
```

```
    observer o;

    v.add_observer(&o);

    v.push_back(1);
    v.push_back(2);
    v.pop_back();
    v.clear();

    v.remove_observer(&o);

    v.push_back(3);
    v.push_back(4);

    v.add_observer(&o);

    observable_vector<int> v2 {1,2,3};
    v = v2;
    v = observable_vector<int> {7,8,9};
}
```

observable_vectorに、例えば、イテレータを使って要素にアクセスできるようにしたり、より多くの機能を追加しなさい。

解答 72 値引きした価格を計算

ここで述べられている問題は、ストラテジー (Strategy) パターンで解くことができます。ストラテジーパターンでは、アルゴリズムのファミリを定義し、ファミリ内でアルゴリズムが互いに交換可能なようにします。この問題では、値引き額と最終発注価格の計算プログラムをストラテジーパターンで実装できます。次のクラス図は値引き種別discount_typeの階層と、customer, article, order_line, orderといった他のクラスでdiscount_typeを交換可能にする使用法を記述しています。

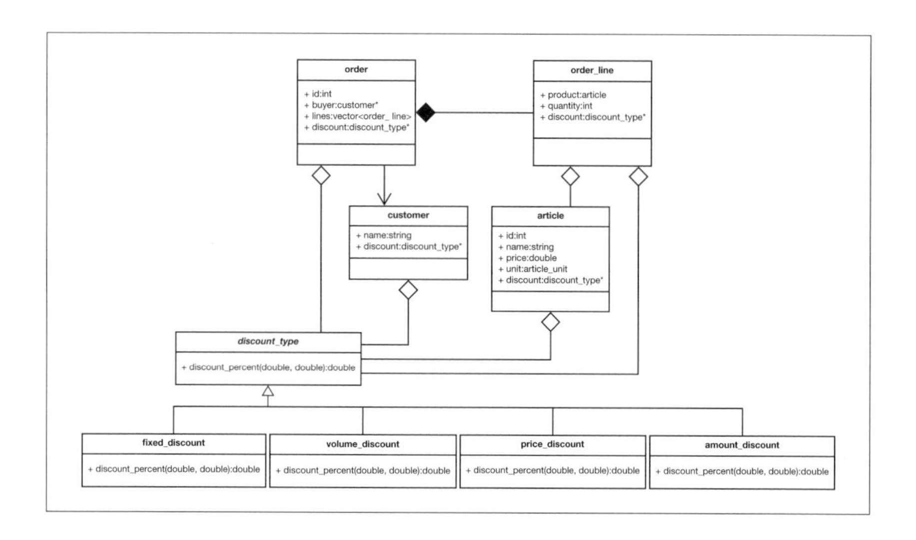

値引き種別discount_typeの実装は次のようになります。

```
struct discount_type
{
   virtual double discount_percent(double const price,
                                   double const quantity) const noexcept = 0;
   virtual ~discount_type() = default;
};

struct fixed_discount final : public discount_type
{
   explicit fixed_discount(double const discount) noexcept
                          : discount(discount) {}
   virtual double discount_percent(double const,
                                   double const) const noexcept {return discount;}

private:
   double const discount;
};

struct volume_discount final : public discount_type
{
   volume_discount(double const quantity,
                   double const discount) noexcept
                   : discount(discount), min_quantity(quantity) {}
   virtual double discount_percent(double const,
                                   double const quantity) const noexcept
```

```
   {return quantity >= min_quantity ? discount : 0.0;}

private:
   double const discount;
   double const min_quantity;
};

struct price_discount : public discount_type
{
   price_discount(double const price, double const discount) noexcept
      : discount(discount), min_total_price(price) {}
   virtual double discount_percent(
      double const price, double const quantity) const noexcept
   {return price * quantity >= min_total_price ? discount : 0.0;}

private:
   double const discount;
   double const min_total_price;
};

struct amount_discount : public discount_type
{
   amount_discount(double const price, double const discount) noexcept
      : discount(discount), min_total_price(price) {}
   virtual double discount_percent(
      double const price, double const) const noexcept
   {return price >= min_total_price ? discount : 0.0;}

private:
   double const discount;
   double const min_total_price;
};
```

解を単純に保つため、顧客、品目、注文をモデル化するクラスは、最小限の構造しか持ちません。次に示します。

```
struct customer
{
   std::string    name;
   discount_type* discount;
};

enum class article_unit
{
   piece, kg, meter, sqmeter, cmeter, liter
```

```
};

struct article
{
   int           id;
   std::string   name;
   double        price;
   article_unit  unit;
   discount_type* discount;
};

struct order_line
{
   article       product;
   int           quantity;
   discount_type* discount;
};

struct order
{
   int                     id;
   customer*               buyer;
   std::vector<order_line> lines;
   discount_type*          discount;
};
```

注文の最終価格を計算するためには、さまざまな計算プログラムを使うことができます。これもストラテジーパターンの別の実現例です。

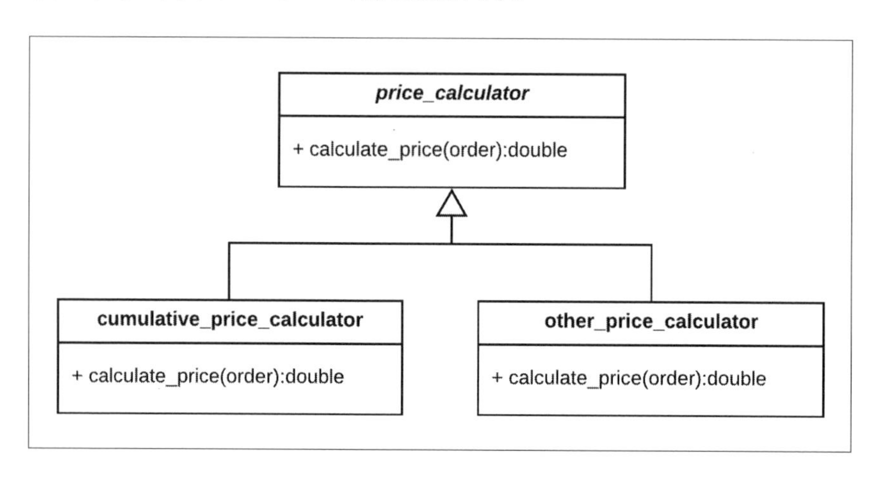

price_calculatorは純粋仮想メソッドcalculate_price()を持つ抽象基底クラスです。cumulative_price_calculatorなどのprice_calculatorから派生したクラスは、calculate_price()メソッドをオーバライドして実際のアルゴリズム実装を提供します。簡単のために、この実装では価格計算の具体的なストラテジーは1つしか示していません。

他の具体的なストラテジーを実装しなさい。

```
struct price_calculator
{
   virtual double calculate_price(order const & o) = 0;
   virtual ~price_calculator() = default;
};

struct cumulative_price_calculator : public price_calculator
{
   virtual double calculate_price(order const & o) override
   {
      double price = 0.0;

      for (auto ol : o.lines)
      {
         double line_price = ol.product.price * ol.quantity;

         if (ol.product.discount != nullptr)
            line_price *= (1.0 - ol.product.discount->discount_percent(
               ol.product.price, ol.quantity));

         if (ol.discount != nullptr)
            line_price *= (1.0 - ol.discount->discount_percent(
               ol.product.price, ol.quantity));

         if (o.buyer != nullptr && o.buyer->discount != nullptr)
            line_price *= (1.0 - o.buyer->discount->discount_percent(
               ol.product.price, ol.quantity));

         price += line_price;
      }

      if (o.discount != nullptr)
         price *= (1.0 - o.discount->discount_percent(price, 0.0));
```

```
      return price;
   }
};
```

cumulative_price_calculatorを使って最終注文価格を計算する例を次に示します。

```
inline bool are_equal(double const d1, double const d2, double const diff = 0.001)
{
   return std::abs(d1 - d2) <= diff;
}


int main()
{
   fixed_discount  d1(0.1);
   volume_discount d2(10, 0.15);
   price_discount  d3(100, 0.05);
   amount_discount d4(100, 0.05);

   customer c1 {"default", nullptr};
   customer c2 {"john", &d1};
   customer c3 {"joane", &d3};

   article a1 {1, "pen", 5, article_unit::piece, nullptr};
   article a2 {2, "expensive pen", 15, article_unit::piece, &d1};
   article a3 {3, "scissors", 10, article_unit::piece, &d2};

   cumulative_price_calculator calc;

   order o1 {101, &c1, {{a1, 1, nullptr}}, nullptr};
   assert(are_equal(calc.calculate_price(o1), 5.0));

   order o3 {103, &c1, {{a2, 1, nullptr}}, nullptr};
   assert(are_equal(calc.calculate_price(o3), 13.5));

   order o6 {106, &c1, {{a3, 15, nullptr}}, nullptr};
   assert(are_equal(calc.calculate_price(o6), 127.5));

   order o9 {109, &c3, {{a2, 20, &d1}}, &d4};
   assert(are_equal(calc.calculate_price(o9), 219.3075));
}
```

9章
データシリアライゼーション

問題

問題73 データをXMLにシリアライズする、XMLからデータをデシリアライズする

映画のリストをXMLファイルにシリアライズし、XMLファイルを映画のリストにデシリアライズするプログラムを書きなさい。映画には、数値の識別子、タイトル、公開年、上映時間（分）、監督のリスト、脚本家のリスト、俳優名と登場人物名からなるキャスティングロールのリストがあります。そのようなXMLは次のようになります。

```
<?xml version="1.0"?>
<movies>
  <movie id="9871" title="Forrest Gump" year="1994" length="202">
    <cast>
      <role star="Tom Hanks" name="Forrest Gump" />
      <role star="Sally Field" name="Mrs. Gump" />
      <role star="Robin Wright" name="Jenny Curran" />
      <role star="Mykelti Williamson" name="Bubba Blue" />
    </cast>
    <directors>
      <director name="Robert Zemeckis" />
    </directors>
    <writers>
      <writer name="Winston Groom" />
      <writer name="Eric Roth" />
    </writers>
  </movie>
  <!-- more movie elements -->
</movies>
```

問題74 XPathを使ってXMLからデータを抽出する

前問にあったような映画のリストを記述したXMLファイルを考えます。次のようなデータを抽出して出力するプログラムを書きなさい。

- 指定された年以降に公開されたすべての映画のタイトル
- ファイル内の各映画について、キャスティングロールのリストの末尾の俳優名

問題75 データをJSONにシリアライズする

前問で定義されていた映画のリストをJSONファイルにシリアライズするプログラムを書きなさい。映画には、数値の識別子、タイトル、公開年、上映時間（分）、監督のリスト、脚本家のリスト、俳優名と登場人物名からなるキャスティングロールのリストがあります。次は、期待されるJSONフォーマットの例です。

```
{
  "movies": [{
    "id": 9871,
    "title": "Forrest Gump",
    "year": 1994,
    "length": 202,
    "cast": [{
        "star": "Tom Hanks",
        "name": "Forrest Gump"
      },
      {
        "star": "Sally Field",
        "name": "Mrs. Gump"
      },
      {
        "star": "Robin Wright",
        "name": "Jenny Curran"
      },
      {
        "star": "Mykelti Williamson",
        "name": "Bubba Blue"
      }
    ],
    "directors": ["Robert Zemeckis"],
    "writers": ["Winston Groom", "Eric Roth"]
```

```
    }]
  }
```

問題76 JSONからデータをデシリアライズする

前問に示したような映画のリストのJSONファイルを考える。その内容をデシリアライズするプログラムを書きなさい。

問題77 映画のリストをPDFに出力する

映画のリストを次のような要件を満たすように、表形式でPDFに出力するプログラムを書きなさい。

- 「List of movies」という見出しを付ける。これは、ドキュメントの先頭ページにだけ出力される。
- 各映画では、タイトル、公開年、長さを表示する。
- 映画のタイトルのあとに公開年を括弧で括って続け、左揃えにする。
- 長さは時間と分（例えば、2:12）で表し、右揃えにする。
- 各ページで、映画のリストの上下を水平線で区切る。

PDF出力の例を次に示します。

List of movies

The Matrix (1999)	2:16
Forrest Gump (1994)	2:22
The Truman Show (1998)	1:43
The Pursuit of Happyness (2006)	1:57
Fight Club (1999)	2:19

問題78 画像を集めてPDFを作る

ユーザが指定したディレクトリにある画像を集めたPDF文書を作るプログラムを書きなさい。画像は連続して並べますが、そのページに収まらない場合は、次のページに置きます。

アインシュタインの画像を集めたPDFファイルの例を次に示します（これらの画像は、本書に付属するソースコードの中に収められています）。

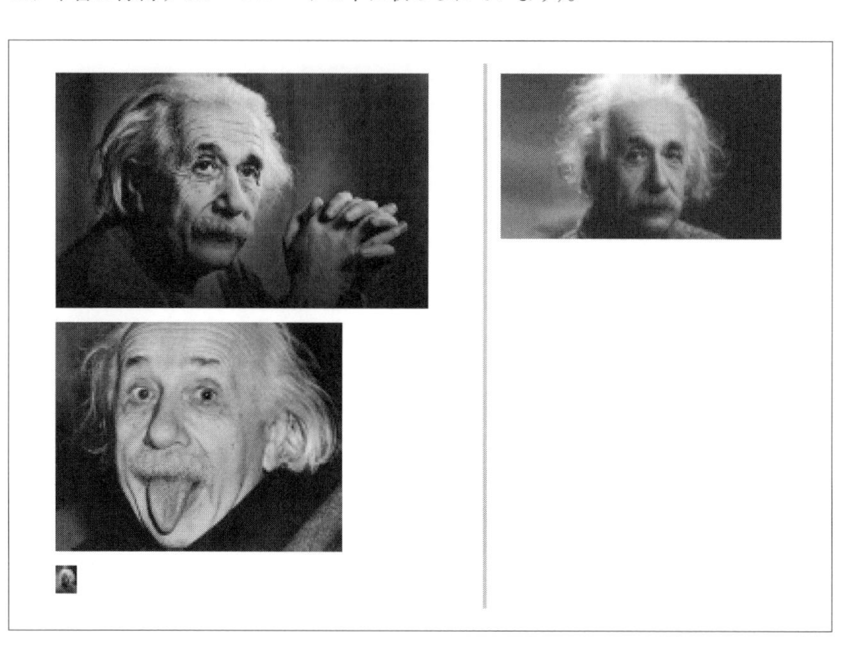

解答

解答 73 データをXMLにシリアライズする、XMLからデータをデシリアライズする

C++標準ライブラリはXMLをサポートしていませんが、複数のオープンソースのクロスプラットフォームのライブラリがあります。このライブラリの中には、軽量で基本XML機能だけをサポートしているのもあれば、より複雑で機能が豊富なものもあります。特定のプロジェクトにどれが最も適切か決定するのは読者のあなたです。

考慮するライブラリとしては、Xerces-C++、libxml++、tinyxmlまたはtinyxml2、pugixml、gSOAP、RapidXmlがあります。今回の問題を解くために、私はpugixmlを選びました。これは、クロスプラットフォームの軽量ライブラリで、高速なXMLパーサです。ただし、このパーサは、DTDを使った妥当性検証までは行いません。DOMによく似たインタフェースで、UnicodeやXPath 1.0をサポートし、検索や修正機能が豊富です。このライブラリの制限事項として、スキーマ検証をサポートしていないことを述べておかなければなりません。pugixmlライブラリは、https://pugixml.org/からダウンロードできます。

問題に述べられた映画を表すために、次のような構造体を使います。

```
struct casting_role
{
   std::string actor;
   std::string role;
};

struct movie
{
   unsigned int id;
   std::string  title;
   int          year;
   unsigned int length;

   std::vector<casting_role>  cast;
   std::vector<std::string>   directors;
   std::vector<std::string>   writers;
};

using movie_list = std::vector<movie>;
```

XML文書を作るには、pugi::xml_documentクラスを使います。DOMツリーを作ったあとで、save_file()を呼び出してファイルに保存できます。ノードはappend_child()で、属性はappend_attribute()で追加できます。次のメソッドは、映画のリストを要求されたフォーマットでシリアライズします。

```
void serialize(movie_list const & movies, std::string const & filepath)
{
   pugi::xml_document doc;
   auto root = doc.append_child("movies");

   for (auto const & m : movies)
   {
      auto movie_node = root.append_child("movie");

      movie_node.append_attribute("id").set_value(m.id);
```

```
        movie_node.append_attribute("title").set_value(m.title.c_str());
        movie_node.append_attribute("year").set_value(m.year);
        movie_node.append_attribute("length").set_value(m.length);

        auto cast_node = movie_node.append_child("cast");
        for (auto const & c : m.cast)
        {
           auto node = cast_node.append_child("role");
           node.append_attribute("star").set_value(c.actor.c_str());
           node.append_attribute("name").set_value(c.role.c_str());
        }

        auto directors_node = movie_node.append_child("directors");
        for (auto const & director : m.directors)
        {
           directors_node.append_child("director")
                       .append_attribute("name").set_value(director.c_str());
        }

        auto writers_node = movie_node.append_child("writers");
        for (auto const & writer : m.writers)
        {
           writers_node.append_child("writer")
                     .append_attribute("name").set_value(writer.c_str());
        }
     }

     doc.save_file(filepath.c_str());
  }
```

デシリアライズする場合は、load_file()メソッドを呼び出して、XMLファイルの内容をpugi::xml_documentにロードできます。child()やnext_sibling()のようなメソッドを呼び出してノードにアクセスし、attribute()を呼び出して属性にアクセスできます。次に示すdeserialize()メソッドは、DOMツリーを読み、映画のリストを作ります。

```
movie_list deserialize(std::string const & filepath)
{
   pugi::xml_document doc;
   movie_list movies;

   auto result = doc.load_file(filepath.c_str());
   if (result)
   {
      auto root = doc.child("movies");
```

```
      for (auto movie_node = root.child("movie");
           movie_node;
           movie_node = movie_node.next_sibling("movie"))
      {
         movie m;
         m.id = movie_node.attribute("id").as_uint();
         m.title = movie_node.attribute("title").as_string();
         m.year = movie_node.attribute("year").as_uint();
         m.length = movie_node.attribute("length").as_uint();

         for (auto const & role_node : movie_node.child("cast").children("role"))
         {
            m.cast.push_back(casting_role{
               role_node.attribute("star").as_string(),
               role_node.attribute("name").as_string()  });
         }

         for (auto const & director_node :
                  movie_node.child("directors").children("director"))
         {
            m.directors.push_back(director_node.attribute("name").as_string());
         }

         for (auto const & writer_node : movie_node.child("writers").children("writer"))
         {
            m.writers.push_back(writer_node.attribute("name").as_string());
         }

         movies.push_back(m);
      }
   }

   return movies;
}
```

これらの関数をどのように使うかの例を次に示します。

```
int main()
{
   movie_list const movies
   {
      {
         11001,  "The Matrix",   1999,  196,
         {  {"Keanu Reeves", "Neo"},
            {"Laurence Fishburne", "Morpheus"},
            {"Carrie-Anne Moss", "Trinity"},
```

```
            {"Hugo Weaving", "Agent Smith"}
         },
         {"Lana Wachowski", "Lilly Wachowski"},
         {"Lana Wachowski", "Lilly Wachowski"}
      },
      {
         9871,   "Forrest Gump", 1994,   202,
         {  {"Tom Hanks", "Forrest Gump"},
            {"Sally Field", "Mrs. Gump"},
            {"Robin Wright","Jenny Curran"},
            {"Mykelti Williamson","Bubba Blue"}
         },
         {"Robert Zemeckis"},
         {"Winston Groom", "Eric Roth"}
      }
   };

   serialize(movies, "movies.xml");
   auto result = deserialize("movies.xml");

   assert(result.size() == 2);
   assert(result[0].title == "The Matrix");
   assert(result[1].title == "Forrest Gump");
}
```

解答 74 XPathを使ってXMLからデータを抽出する

XPathを使ってXMLファイルの要素と属性を使ったナビゲーションができます。XPathはそのためにXPath式を使い、多数の組み込み関数が用意されています。pugixmlではXPath式をサポートしており、そのためにxml_documentクラスのselect_nodes()メソッドを使えます。XPathの選択中にエラーが起こると、xpath_exception例外が投げられることに注意してください。次のようなXPath式を使って、問題の要求に従ってノードを選択していきます。

- 指定された年（この例では1995年）以降に公開されたすべての映画については/movies/movie[@year>1995]
- 各映画のキャスティングロールのリストの末尾については、/movies/movie/cast/role[last()]

次のプログラムは、文字列バッファからXML文書をロードし、先ほどのXPath式を使ってノード選択を行います。XML文書は次のように定義されています。

```
std::string const text = R"(
<?xml version="1.0"?>
<movies>
    <movie id="11001" title="The Matrix" year="1999" length="196">
        <cast>
            <role star="Keanu Reeves" name="Neo" />
            <role star="Laurence Fishburne" name="Morpheus" />
            <role star="Carrie-Anne Moss" name="Trinity" />
            <role star="Hugo Weaving" name="Agent Smith" />
        </cast>
        <directors>
            <director name="Lana Wachowski" />
            <director name="Lilly Wachowski" />
        </directors>
        <writers>
            <writer name="Lana Wachowski" />
            <writer name="Lilly Wachowski" />
        </writers>
    </movie>
    <movie id="9871" title="Forrest Gump" year="1994" length="202">
        <cast>
            <role star="Tom Hanks" name="Forrest Gump" />
            <role star="Sally Field" name="Mrs. Gump" />
            <role star="Robin Wright" name="Jenny Curran" />
            <role star="Mykelti Williamson" name="Bubba Blue" />
        </cast>
        <directors>
            <director name="Robert Zemeckis" />
        </directors>
        <writers>
            <writer name="Winston Groom" />
            <writer name="Eric Roth" />
        </writers>
    </movie>
</movies>
)";
```

要求されたデータの選択は次のようにして行うことができます。

```
int main()
{
  pugi::xml_document doc;
```

```
      if (doc.load_string(text.c_str()))
      {
         try
         {
            auto titles = doc.select_nodes("/movies/movie[@year>1995]");

            for (auto const & it : titles)
            {
               std::cout << it.node().attribute("title").as_string() << std::endl;
            }
         }
         catch (pugi::xpath_exception const & e)
         {
            std::cout << e.result().description() << std::endl;
         }

         try
         {
            auto roles = doc.select_nodes("/movies/movie/cast/role[last()]");

            for (auto const & it : roles)
            {
               std::cout << it.node().attribute("star").as_string() << std::endl;
            }
         }
         catch (pugi::xpath_exception const & e)
         {
            std::cout << e.result().description() << std::endl;
         }
      }
   }
```

解答 75 データをJSONにシリアライズする

XMLと同様、JSONについても標準サポートがありません。しかし、これに関して多くのクロスプラットフォームライブラリが存在します。本書執筆時点で、https://github.com/miloyip/nativejson-benchmarkにあるnativejson-benchmarkプロジェクトでは、40を超えるライブラリが載っています。このプロジェクトでは、JSONをパースしたり生成したりする機能を備えたオープンソースのC/C++ライブラリの適合性と性能（速度、メモリとコードサイズ）を評価するベンチマークを行っています。こんなに多いと適切なライブラリを選ぶのが難しくなりますが、候補としては、RapidJSON,

NLohmann, taocpp/json, Configuru, json_spirit, jsoncppなどが含まれることでしょう。この問題を解くのに、nlohmann/jsonライブラリを使うことにします。これはクロスプラットフォームで、C++11用ヘッダだけでできているライブラリで、構文が直感的にわかりやすく、ドキュメントが揃っています。このライブラリはhttps://github.com/nlohmann/jsonから得られます。

問題73を解くのに使ったのと同じデータ構造で映画データを表します。nlohmannライブラリでは、JSONオブジェクトを表すデータ型としてnlohmann::jsonを使います。より明示的な構文でJSONの値を作ることもできますが、スカラー型と標準コンテナとの間で暗黙の型変換をすることができます。さらに、変換する型のある名前空間でメソッドto_json()およびfrom_json()を用意することで自分で定義した型に対して暗黙型変換を実現できます。この関数にはいくつかの要件がありますが、それはドキュメントを読めばわかります。

次に示すコードでは、そのような方式を採っています。movieとcasting_roleの型が、グローバル名前空間で定義されているので、これらの型をシリアライズするto_json()もグローバル名前空間で定義されます。他方、movie_list型はstd::vector<movie>型のエイリアスで、直接シリアライズやデシリアライズすることができます。既に述べたように、ライブラリが標準コンテナとの間の暗黙型変換をサポートしているからです。

```
using json = nlohmann::json;

void to_json(json & j, casting_role const & c)
{
   j = json{ {"star", c.actor}, {"name", c.role} };
}

void to_json(json & j, movie const & m)
{
   j = json::object({
      {"id", m.id},
      {"title", m.title},
      {"year", m.year},
      {"length", m.length},
      {"cast", m.cast },
      {"directors", m.directors},
      {"writers", m.writers}
   });
}
```

```
void serialize(movie_list const & movies, std::string const & filepath)
{
   json jdata{ { "movies", movies } };

   std::ofstream ofile(filepath.c_str());
   if (ofile.is_open())
   {
      ofile << std::setw(2) << jdata << std::endl;
   }
}
```

次の例のようにserialize()関数を使うことができます。

```
int main()
{
   movie_list const movies
   {
      {
         11001,  "The Matrix",  1999,   196,
         {  {"Keanu Reeves", "Neo"},
            {"Laurence Fishburne", "Morpheus"},
            {"Carrie-Anne Moss", "Trinity"},
            {"Hugo Weaving", "Agent Smith"}  },
         {"Lana Wachowski", "Lilly Wachowski"},
         {"Lana Wachowski", "Lilly Wachowski"}
      },
      {
         9871,  "Forrest Gump",  1994,   202,
         {  {"Tom Hanks", "Forrest Gump"},
            {"Sally Field", "Mrs. Gump"},
            {"Robin Wright","Jenny Curran"},
            {"Mykelti Williamson","Bubba Blue"}   },
         {"Robert Zemeckis"},
         {"Winston Groom", "Eric Roth"}
      }
   };

   serialize(movies, "movies.json");
}
```

解答 76 JSONからデータをデシリアライズする

この問題を解くには、再度nlohmann/jsonライブラリを使います。前問の解で述べたように、from_json()関数を書く代わりに、もっと明示的な方式にします。JSONファイルの中身は、オーバーロードしたoperator>>を使ってnlohmann::jsonオブジェクトにロードすることができます。オブジェクトの値にアクセスするには、operator[]ではなく、at()メソッドを使うべきです。at()メソッドは、キーが存在しないと例外を投げます（自分で扱える例外です）が、operator[]は未定義振る舞いになるからです。T型のオブジェクトのオブジェクト値を取得するには、get<T>()メソッドを使います。ただし、T型はデフォルトコンストラクト可能でなければなりません。

次に示すdeserialize()関数は、指定されたJSONファイルの内容から構築したstd::vector<movie>を返します。

```
using json = nlohmann::json;

movie_list deserialize(std::string const & filepath)
{
   movie_list movies;

   std::ifstream ifile(filepath.c_str());
   if (ifile.is_open())
   {
      json jdata;

      try
      {
         ifile >> jdata;

         if (jdata.is_object())
         {
            for (auto const & element : jdata.at("movies"))
            {
               movie m;

               m.id = element.at("id").get<unsigned int>();
               m.title = element.at("title").get<std::string>();
               m.year = element.at("year").get<unsigned int>();
               m.length = element.at("length").get<unsigned int>();

               for (auto const & role : element.at("cast"))
               {
```

```
                m.cast.push_back(casting_role{
                    role.at("star").get<std::string>(),
                    role.at("name").get<std::string>() });
            }

            for (auto const & director : element.at("directors"))
            {
                m.directors.push_back(director);
            }

            for (auto const & writer : element.at("writers"))
            {
                m.writers.push_back(writer);
            }

            movies.push_back(std::move(m));
         }
      }
   }
   catch (std::exception const & ex)
   {
      std::cout << ex.what() << std::endl;
   }
}

return movies;
}
```

デシリアライズする関数は次のように使うことができます。

```
int main()
{
   auto movies = deserialize("movies.json");

   assert(movies.size() == 2);
   assert(movies[0].title == "The Matrix");
   assert(movies[1].title == "Forrest Gump");
}
```

解答 77 映画のリストをPDFに出力する

PDFファイルを扱うためのさまざまなC++ライブラリがあります。その目的に使えるオープンソースでクロスプラットフォームのライブラリには、HaHu、PoDoFo、

JagPDF、PDF-Writer（Hummusとも呼ばれる）などがあります。この問題では、PDF-Writerを使いますが、これはhttps://github.com/galkahana/PDF-Writerから入手できます。これは無料で使え、基本機能として、テキスト、画像、図形をサポートするPDF演算子と（この解答で使用する）高レベルの関数をサポートする、高速で拡張可能なライブラリを備えています。

あとで示すprint_pdf()関数は、次のようなアルゴリズムを実装しています。

- PDFWriter::StartPDF()で新たなPDF文書を開始する。
- 1ページに25の映画を出力する。各ページはPDFPage()オブジェクトで表され、PDFPage::StartPageContentContext()で作られ、ページ上に要素を出力するのに使うPageContentContextオブジェクトを持つ。
- 先頭ページには、List of moviesというヘッダを置く。テキストはPageContentContext::WriteText()を使って書く。
- 映画の情報は、異なるフォントを使って書く。
- 各ページの映画のリストの上下にPageContentContext::DrawPath()を使って水平線を書く。
- ページの内容を書き終わったらPDFWriter::EndPageContentContext()とPDFWriter::WritePageAndRelease()を呼び出す。
- PDF文書全体を書き終わったらPDFWriter::EndPDF()を呼び出す。

次のコードで使われる型やメソッド、PDF文書作成やテキスト、図形、画像の処理に関するより詳しい説明は、https://github.com/galkahana/PDF-Writer/wikiにあるプロジェクトのドキュメントを読んでください。

```
#ifdef _WIN32
static std::string const fonts_dir = R"(c:\windows\fonts\)";
#elif defined (__APPLE__)
static std::string const fonts_dir = R"(/Library/Fonts/)";
#else
static std::string const fonts_dir = R"(/usr/share/fonts)";
#endif

void print_pdf(movie_list const & movies, std::string const & path)
{
   int const height = 842;
```

```
int const width = 595;
int const left = 60;
int const top = 770;
int const right = 535;
int const bottom = 60;
int const line_height = 28;

PDFWriter pdf;

pdf.StartPDF(path.c_str(), ePDFVersion13);
auto font = pdf.GetFontForFile(fonts_dir + "Arial.ttf");

AbstractContentContext::GraphicOptions pathStrokeOptions(
   AbstractContentContext::eStroke,
   AbstractContentContext::eRGB,
   0xff000000,
   1);

PDFPage* page = nullptr;
PageContentContext* context = nullptr;
int index = 0;
for (size_t i = 0; i < movies.size(); ++i)
{
   index = i % 25;
   if (index == 0)
   {
      if (page != nullptr)
      {
         DoubleAndDoublePairList pathPoints;
         pathPoints.push_back(DoubleAndDoublePair(left, bottom));
         pathPoints.push_back(DoubleAndDoublePair(right, bottom));
         context->DrawPath(pathPoints, pathStrokeOptions);

         pdf.EndPageContentContext(context);
         pdf.WritePageAndRelease(page);
      }

      page = new PDFPage();
      page->SetMediaBox(PDFRectangle(0, 0, width, height));
      context = pdf.StartPageContentContext(page);

      {
         DoubleAndDoublePairList pathPoints;
         pathPoints.push_back(DoubleAndDoublePair(left, top));
         pathPoints.push_back(DoubleAndDoublePair(right, top));
         context->DrawPath(pathPoints, pathStrokeOptions);
```

```
            }
        }

        if (i == 0)
        {
            AbstractContentContext::TextOptions const textOptions(
                font, 26, AbstractContentContext::eGray, 0);

            context->WriteText(left, top + 15, "List of movies", textOptions);
        }

        auto textw = 0;
        {
            AbstractContentContext::TextOptions const textOptions(
                font, 20, AbstractContentContext::eGray, 0);

            context->WriteText(left, top - 20 - line_height * index,
                               movies[i].title, textOptions);
            auto textDimensions = font->CalculateTextDimensions(movies[i].title, 20);
            textw = textDimensions.width;
        }

        {
            AbstractContentContext::TextOptions const textOptions(
                font, 16, AbstractContentContext::eGray, 0);

            context->WriteText(left + textw + 5, top - 20 - line_height * index,
                " (" + std::to_string(movies[i].year) + ")",
                textOptions);

            std::stringstream s;
            s << movies[i].length / 60 << ':' << std::setw(2)
              << std::setfill('0') << movies[i].length % 60;

            context->WriteText(right - 30, top - 20 - line_height * index, s.str(),
                textOptions);
        }
    }

    DoubleAndDoublePairList pathPoints;
    pathPoints.push_back(
        DoubleAndDoublePair(left, top - line_height * (index + 1)));
    pathPoints.push_back(
        DoubleAndDoublePair(right, top - line_height * (index + 1)));
    context->DrawPath(pathPoints, pathStrokeOptions);
```

```
      if (page != nullptr)
      {
         pdf.EndPageContentContext(context);
         pdf.WritePageAndRelease(page);
      }

      pdf.EndPDF();
   }
```

print_pdf()関数は次のように使えます。

```
   int main()
   {
      movie_list const movies
      {
         { 1, "The Matrix", 1999, 136 },
         { 2, "Forrest Gump", 1994, 142 },
         // .. 他の映画

         { 28, "L.A. Confidential", 1997, 138 },
         { 29, "Shutter Island", 2010, 138 },
      };

      print_pdf(movies, "movies.pdf");
   }
```

解答 78 画像を集めてPDFを作る

この問題を解くには、前問で用いたPDF-Writerライブラリを再度使います。読者が前問を読んで解を実装するところまでまだ行っていないなら、この問題に取り組む前にまず前問を解いてください。

次のget_images()関数は、指定したディレクトリの全JPG画像のパスを表す文字列のstd::vectorを返します。

```
   namespace fs = std::filesystem;
   std::vector<std::string> get_images(fs::path const & dirpath)
   {
      std::vector<std::string> paths;

      for (auto const & p : fs::directory_iterator(dirpath))
      {
         if (p.path().extension() == ".jpg")
```

```
        paths.push_back(p.path().string());
    }
    return paths;
}
```

print_pdf()関数は、指定ディレクトリの全JPG画像を含むPDFファイルを作ります。次のようなアルゴリズムを実装しています。

- PDFWriter::StartPDF()で新たなPDF文書を開始する。
- 画像を1ページに収まるだけたくさん縦に並べたページを作る。
- 新たな画像を追加しようとして、そのページに収まらない場合は、PageContentContext::DrawPath()とPDFWriter::SavePageAndRelease()でページを閉じて、新たなページを始める。
- PageContentContext::DrawImage()を使って画像をページコンテンツに書く。
- PDFWriter::EndPDF()を呼び出してドキュメントを終了する。

```
void print_pdf(fs::path const & pdfpath,
               fs::path const & dirpath)
{
    int const height = 842;
    int const width = 595;
    int const margin = 20;

    auto const image_paths = get_images(dirpath);

    PDFWriter pdf;
    pdf.StartPDF(pdfpath.string(), ePDFVersion13);

    PDFPage* page = nullptr;
    PageContentContext* context = nullptr;

    auto top = height - margin;
    for (size_t i = 0; i < image_paths.size(); ++i)
    {
        auto const dims = pdf.GetImageDimensions(image_paths[i]);

        if (i == 0 || top - dims.second < margin)
        {
            if (page != nullptr)
            {
                pdf.EndPageContentContext(context);
```

```
            pdf.WritePageAndRelease(page);
         }

         page = new PDFPage();
         page->SetMediaBox(PDFRectangle(0, 0, width, height));
         context = pdf.StartPageContentContext(page);

         top = height - margin;
      }

      context->DrawImage(margin, top - dims.second, image_paths[i]);

      top -= dims.second + margin;
   }
   if (page != nullptr)
   {
      pdf.EndPageContentContext(context);
      pdf.WritePageAndRelease(page);
   }

   pdf.EndPDF();
}
```

print_pdf()は次の例に示すように使えます。ここで、sample.pdfは出力ファイル名、resは画像のあるフォルダの名前です。

```
int main()
{
   print_pdf("sample.pdf", "res");
}
```

10章

アーカイブ、画像、データベース

問題

Zipアーカイブにあるファイルを探し出す

ユーザが指定した正規表現と名前がマッチするZipアーカイブ内のすべてのファイルを探し出して出力するプログラムを書きなさい（例えば、拡張子が.jpgのすべてのファイルを見つけるには"^.*\.jpg$"を使う）。

問題 80 ファイルをZipアーカイブに圧縮したり、Zipアーカイブからファイルを解凍する

次を行うプログラムを書きなさい。

- 1つのファイルまたはユーザが指定したディレクトリの中身をZipアーカイブに再帰的に圧縮する。
- Zipアーカイブの内容をユーザ指定ディレクトリに解凍する。

問題 81 パスワードを付けて、ファイルをZipアーカイブに圧縮したり、Zipアーカイブからファイルを解凍する

次を行うプログラムを書きなさい。

- ファイルまたはユーザが指定したディレクトリの中身をパスワードで保護された

Zipアーカイブに再帰的に圧縮する。

- パスワードで保護されたZipアーカイブの内容をユーザ指定ディレクトリに解凍する。

問題82 国旗を表すPNGを作る

次に示すルーマニアの国旗を表すPNGファイルを作るプログラムを書きなさい。画像のサイズはピクセルで、作成するファイルはパス名で、それぞれユーザが指定します。

問題83 認証用テキスト付きPNG画像を作る

システムのユーザが人間であることを照合するのに使う、CaptchaのようなPNG画像を作るプログラムを書きなさい。そのような画像に関しては次のような特徴があります。

- 背景の色がグラデーションになっている。
- 右や左に異なった角度で傾く一連のランダムな文字。
- 画像全体に異なる色の線がランダムに走る（テキストに重なる）。

次に画像の例を示します。

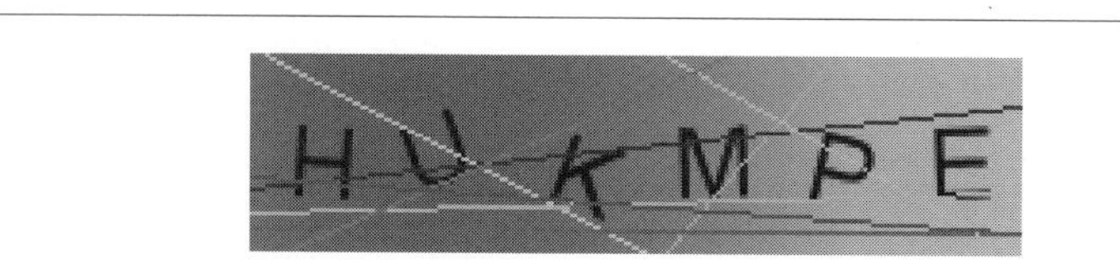

問題84 EAN-13バーコード作成器

国際商品識別コードを標準的な13桁のEAN-13バーコードで表したPNG画像を作るプログラムを書きなさい。簡単のために、画像はバーコードだけでよく、バーコードの下にEAN-13の番号を出力することは省略するものとします。5901234123457という番号の出力例を次に示します。

問題85 SQLiteデータベースから映画を読み込む

SQLiteデータベースから映画データを読み込み、コンソールに出力するプログラムを書きなさい。映画には、数値の識別子、タイトル、公開年、上映時間（分）、監督のリスト、脚本家のリスト、俳優名とキャラクター名からなるキャスティングロールがあります。次のデータベース図式はそれを示したものです。

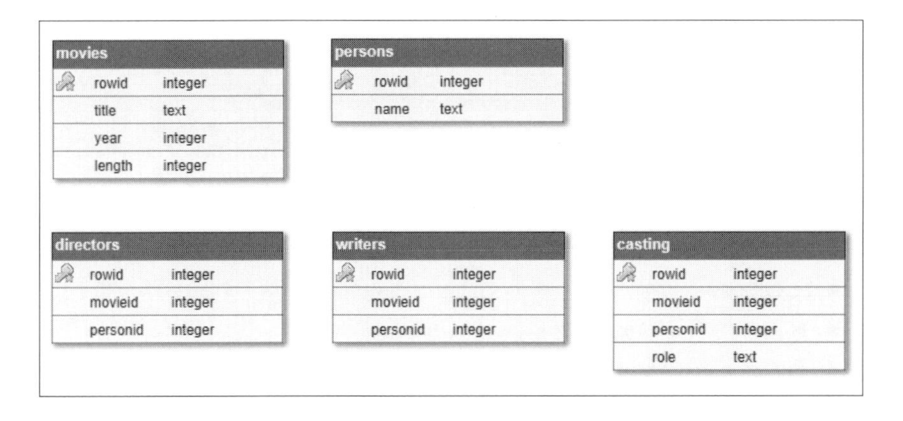

問題86 SQLiteデータベースに映画をトランザクションで挿入する

前問で書いたプログラムを拡張して、データベースに新たなプログラムを追加できるようにしなさい。映画のデータは、コンソールから入力したり、テキストファイルで与えられるようにしなさい。データベースの複数のテーブルに映画データを挿入することは、トランザクション形式で行います。

問題87 SQLiteデータベースで映画の画像を扱う

前問で書いたプログラムを修正して、(画像やビデオのような) メディアファイルを映画に追加できるようにしなさい。メディアファイルはデータベースの別のテーブルにBLOB[*1]として格納しますが、数値の識別子、映画の識別子、名前 (普通はファイル名)、オプションの説明を持ちます。次の図式は、既存のデータベースに追加されるテーブルの構造を示します。

media	
rowid	integer
movieid	integer
name	text
description	text
content	blob

この問題のためのプログラムは、次のようなコマンドが使えるようにします。

- 探索基準 (普通はタイトル) にマッチするすべての映画をリストする。
- その映画のメディアファイルすべてについての情報をリストする。
- 映画用の新しいメディアファイルを追加する。
- 既存のメディアファイルを取り除く。

---

*1 訳注：BLOB (Binary Large OBject、ブロブまたはビーロブ) とは、データベースで用いられるデータ型の1つである。一般的に、画像や音声などの大きなバイナリデータを格納するのに使う。

解答

解答 79 Zipアーカイブにあるファイルを探し出す

Zipアーカイブの処理をサポートするさまざまなライブラリがあります。無料で入手できるもので、最もよく使われているものにはZipLib, Info-Zip, MiniZip, 7zのLZMA SDKなどがあります。さらに、商用の実装もあります。本書のこのZipアーカイブの問題に関しては、ZipLibを選びました。標準のライブラリストリームに基づいて構築され、その他のライブラリには依存しません、これは軽量、オープンソース、クロスプラットフォームのC++11ライブラリで、https://bitbucket.org/wbenny/ziplibからドキュメントとともに入手できます。

必要な機能を実装するには、次が必要です。

- `ZipFile::Open()`を使ってZipアーカイブを開く。
- `ZipArchive::GetEntry()`と`ZipArchive::GetEntryCount()`を使って、アーカイブのすべてのエントリを列挙する。
- ファイルを表すすべてのエントリについては、`ZipArchiveEntry::GetName()`を使って、指定された正規表現と名前がマッチするかチェックする。
- 正規表現にマッチするすべてのエントリについて、`ZipArchiveEntry::GetFullName()`を使って結果のリストに完全名を追加する。

次の`find_in_archive()`関数は、ここで説明したアルゴリズムの実装です。

```
namespace fs = std::filesystem;

std::vector<std::string> find_in_archive(fs::path const & archivepath,
                                         std::string const & pattern)
{
   std::vector<std::string> results;

   if (fs::exists(archivepath))
   {
      try
      {
         auto archive = ZipFile::Open(archivepath.string());

         for (size_t i = 0, size = archive->GetEntriesCount(); i < size; ++i)
```

```
            {
               auto entry = archive->GetEntry(i);
               if (entry != nullptr)
               {
                  if (!entry->IsDirectory())
                  {
                     auto name = entry->GetName();
                     if (std::regex_match(name, std::regex{ pattern.c_str() }))
                     {
                        results.push_back(entry->GetFullName());
                     }
                  }
               }
            }
         }
         catch (std::exception const & ex)
         {
            std::cout << ex.what() << std::endl;
         }
      }

      return results;
   }
```

次の例は、sample79.zipというZipアーカイブ内の拡張子.jpgを持つすべてのファイルを探し出します。このsample79.zipというファイルは、テスト用に本書付属のソースコードにあります。

```
int main()
{
   auto results = find_in_archive("sample79.zip", R"(^.*\.jpg$)");
   for (auto const & name : results)
   {
      std::cout << name << std::endl;
   }
}
```

ファイルをZipアーカイブに圧縮したり、Zipアーカイブからファイルを解凍する

この2つの部分からなる問題を解くには、前問の解に用いたのと同じZipLibライブラリを使います。この問題に対する解は、Zipアーカイブに圧縮する関数とZipアーカイブから解凍する関数の2つになります。

要求された圧縮を実行するには、次を行わねばなりません。

- ソースパスが通常のファイルなら、ZipFile::AddFile()を使って、ファイルをZipアーカイブに追加する。
- ソースパスが再帰ディレクトリを表す場合は、
  — ディレクトリの全エントリを再帰的にイテレーションする。
  — エントリがディレクトリなら、ZipアーカイブにZipArchive::CreateEntry()を使って、その名前でディレクトリエントリを作る。
  — エントリが通常のファイルなら、ファイルをZipFile::AddFile()を使ってZipアーカイブに追加する。

次に示すcompress()関数がこのアルゴリズムを実装しています。これは次の3つを引数に取ります。1番目は、圧縮するファイルまたはフォルダのパス、2番目は、Zipアーカイブのパス、3番目は、演算の進捗を報告するのに使われる関数オブジェクト（コンソールにメッセージを出力する関数など）です。

```
namespace fs = std::filesystem;

void compress(fs::path const & source,
              fs::path const & archive,
              std::function<void(std::string_view)> reporter)
{
   if (fs::is_regular_file(source))
   {
      if (reporter != nullptr) reporter("Compressing " + source.string());
      ZipFile::AddFile(archive.string(), source.string(), LzmaMethod::Create());
   }
   else
   {
      for (auto const & p : fs::recursive_directory_iterator(source))
      {
         if (reporter != nullptr) reporter("Compressing " + p.path().string());
```

```
            if (fs::is_directory(p))
            {
               auto zipArchive = ZipFile::Open(archive.string());
               auto entry = zipArchive->CreateEntry(p.path().string());
               entry->SetAttributes(ZipArchiveEntry::Attributes::Directory);
               ZipFile::SaveAndClose(zipArchive, archive.string());
            }
            else if (fs::is_regular_file(p))
            {
               ZipFile::AddFile(archive.string(), p.path().string(), LzmaMethod::Create());
            }
         }
      }
   }
```

逆の操作である解凍の実装には、次が必要です。

- ZipFile::Open()を使ってZipアーカイブを開く。
- ZipArchive::GetEntry()とZipArchive::GetEntryCount()を使って、アーカイブ内のすべてのエントリをイテレーションする。
- エントリがディレクトリの場合は、出力パスにディレクトリを再帰的に作る。
- エントリがファイルの場合は、出力先に対応するファイルを作り、ZipArchiveEntry::GetDecompressionStream()を使って圧縮ファイルの内容をコピーする。

次に示すdecompress()関数は、このアルゴリズムを実装します。引数は、compress()メソッドの引数とほぼ同じです。1番目は解凍して展開するディレクトリのパス、2番目は解凍するZipアーカイブのパス、3番目は操作の進捗を報告するのに使われる関数オブジェクトです。

```
   void decompress(fs::path const & destination,
                   fs::path const & archive,
                   std::function<void(std::string_view)> reporter)
   {
      ensure_directory_exists(destination);

      auto zipArchive = ZipFile::Open(archive.string());

      for (size_t i = 0; i < zipArchive->GetEntriesCount(); ++i)
      {
         auto entry = zipArchive->GetEntry(i);
```

```
        if (entry != nullptr)
        {
           auto filepath = destination /
           fs::path{ entry->GetFullName() }.relative_path();
           if (reporter != nullptr) reporter("Creating " + filepath.string());

           if (entry->IsDirectory())
           {
              ensure_directory_exists(filepath);
           }
           else
           {
              ensure_directory_exists(filepath.parent_path());

              std::ofstream destFile;
              destFile.open(filepath.string().c_str(),
                            std::ios::binary | std::ios::trunc);

              if (!destFile.is_open())
              {
                 if (reporter != nullptr)
                    reporter("Cannot create destination file!");
              }

              auto dataStream = entry->GetDecompressionStream();
              if (dataStream != nullptr)
              {
                 utils::stream::copy(*dataStream, destFile);
              }
           }
        }
     }
  }
```

この関数は、ディレクトリパスが存在しない場合には、ensure_directory_exists()を使ってディレクトリパスを再帰的に作ります。この関数の実装は次のようになります。

```
void ensure_directory_exists(fs::path const & dir)
{
   if (!fs::exists(dir))
   {
      std::error_code err;
      fs::create_directories(dir, err);
```

```
   }
}
```

次のプログラムでは、実行するコマンド（圧縮または解凍）およびソースと出力先のパスを指定できます。ラムダ式を前述のcompress()およびdecompress()関数に渡して、コンソールに進捗を表示させています。

```
int main()
{
   char option = 0;
   std::cout << "Select [c]ompress/[d]ecompress?";
   std::cin >> option;

   if (option == 'c')
   {
      std::string archivepath;
      std::string inputpath;
      std::cout << "Enter file or dir to compress:";
      std::cin >> inputpath;
      std::cout << "Enter archive path:";
      std::cin >> archivepath;

      compress(inputpath, archivepath,
               [](std::string_view message) {std::cout << message << std::endl; });
   }
   else if (option == 'd')
   {
      std::string archivepath;
      std::string outputpath;
      std::cout << "Enter dir to decompress:";
      std::cin >> outputpath;
      std::cout << "Enter archive path:";
      std::cin >> archivepath;

      decompress(outputpath, archivepath,
                 [](std::string_view message) {
                    std::cout << message << std::endl; });
   }
   else
   {
      std::cout << "invalid option" << std::endl;
   }
}
```

解答81 パスワードを付けて、ファイルをZipアーカイブに圧縮したり、Zipアーカイブからファイルを解凍する

この問題は、前問にファイルを暗号化するところが追加されています。ZipLibライブラリでは、PKWare暗号化のみサポートされています。別の暗号化を使う必要があるなら、他のライブラリを使わなければなりません。次に示すcompress()とdecompress()関数は前問に比べ、ファイルの暗号化/復号のためにパスワードを表す追加の引数の他にもいくつかの違いがあります。

- アーカイブに暗号化されたファイルを追加するためにZipFile::AddFile()の代わりにZipFile::AddEncryptedFile()を使う。
- エントリがパスワードで保護されているなら、解凍時にZipArchiveEntry::SetPassword()でパスワードを設定する。

ここで述べた変更を加えたcompress()関数は次のように実装されます。

```
namespace fs = std::filesystem;

void compress(fs::path const & source,
              fs::path const & archive,
              std::string const & password,
              std::function<void(std::string_view)> reporter)
{
   if (fs::is_regular_file(source))
   {
      if (reporter != nullptr) reporter("Compressing " + source.string());
      ZipFile::AddEncryptedFile(
         archive.string(),
         source.string(),
         source.filename().string(),
         password.c_str(),
         LzmaMethod::Create());
   }
   else
   {
      for (auto const & p : fs::recursive_directory_iterator(source))
      {
         if (reporter != nullptr) reporter("Compressing " + p.path().string());

         if (fs::is_directory(p))
         {
```

```
            auto zipArchive = ZipFile::Open(archive.string());
            auto entry = zipArchive->CreateEntry(p.path().string());
            entry->SetAttributes(ZipArchiveEntry::Attributes::Directory);
            ZipFile::SaveAndClose(zipArchive, archive.string());
         }
         else if (fs::is_regular_file(p))
         {
            ZipFile::AddEncryptedFile(
               archive.string(),
               p.path().string(),
               p.path().filename().string(),
               password.c_str(),
               LzmaMethod::Create());
         }
      }
   }
}
```

decompress()関数は、解凍ストリームを使用して出力先にファイルの内容をコピーする前にそれぞれのアーカイブエントリにパスワードを設定する必要があります。次にこの関数の実装を示します。

```
void decompress(fs::path const & destination,
                fs::path const & archive,
                std::string const & password,
                std::function<void(std::string_view)> reporter)
{
   ensure_directory_exists(destination);

   auto zipArchive = ZipFile::Open(archive.string());

   for (size_t i = 0, size = zipArchive->GetEntriesCount(); i < size; ++i)
   {
      auto entry = zipArchive->GetEntry(i);
      if (entry != nullptr)
      {
         auto filepath = destination /
         fs::path{ entry->GetFullName() }.relative_path();
         if (reporter != nullptr) reporter("Creating " + filepath.string());

         if (entry->IsPasswordProtected())
            entry->SetPassword(password.c_str());

         if (entry->IsDirectory())
```

```
            {
               ensure_directory_exists(filepath);
            }
            else
            {
               ensure_directory_exists(filepath.parent_path());

               std::ofstream destFile;
               destFile.open(filepath.string().c_str(),
                             std::ios::binary | std::ios::trunc);

               if (!destFile.is_open())
               {
                  if (reporter != nullptr)
                     reporter("Cannot create destination file!");
               }

               auto dataStream = entry->GetDecompressionStream();
               if (dataStream != nullptr)
               {
                  utils::stream::copy(*dataStream, destFile);
               }
            }
         }
      }
   }
```

ensure_directory_exists()ヘルパー関数は、名前も含めて前問と全く同じなので再掲しません。

これらの関数は、パスワードを渡さねばならないことを除けば、前問と同じように使えます。

解答 82 国旗を表すPNGを作る

PNGファイルを操作する場合、最も機能が豊富なのは、Cで書かれたプラットフォーム非依存のオープンソースライブラリのlibpngです。libpngのラッパーであるpng++、lodepng、PNGWriterなどのC++ライブラリもあります。本書ではPNGWriterを使います。これはLinux、Unix、macOS、Windowsで動作するオープンソースライブラリです。サポートしている機能には、既存のPNG画像を開くこと、ピクセルをRGB, HSV, CMYK色空間でプロットしたり読み取ること、基本図形、スケーリング、バイリニア補間、TrueTypeアンチエリアシングおよび回転テキストサポート、ベジェ曲線などがあります。これは、libpngのラッパーであり、テキスト処理のためにFreeType2ライブラリを必要とします。

このライブラリのソースコードとドキュメントはhttps://github.com/pngwriter/pngwriterにあります。

pngwriterクラスは、PNG画像を表します。コンストラクタでピクセル単位の幅と高さ、背景色、画像を格納するファイルのパス名を設定します。ピクセル、図形、テキストを書くメンバ関数が多数存在します。この問題を解くには、異なる色の3つの長方形を塗りつぶす必要があります。それにはfilledsquare()関数を使うことができます。画像をメモリ内に書き終わったら、close()メソッドを呼び出してディスクのファイルに保存します。

次の関数は、引数でサイズとファイルパスを指定して3色旗を作ります。

```
void create_flag(int const width, int const height, std::string const & filepath)
{
   pngwriter flag{ width, height, 0, filepath.c_str() };

   int const size = width / 3;
   // 赤い長方形
   flag.filledsquare(0, 0, size, 2 * size, 65535, 0, 0);
   // 黄色い長方形
   flag.filledsquare(size, 0, 2 * size, 2 * size, 65535, 65535, 0);
   // 青い長方形
   flag.filledsquare(2 * size, 0, 3 * size, 2 * size, 0, 0, 65535);

   flag.close();
}
```

次のプログラムでは、画像の幅と高さ、および出力ファイルのパスを指定して、create_flag()を使ってPNG画像を生成します。

```
int main()
{
   int width = 0, height = 0;
   std::string filepath;

   std::cout << "Width: ";
   std::cin >> width;

   std::cout << "Height: ";
```

```
    std::cin >> height;

    std::cout << "Output: ";
    std::cin >> filepath;

    create_flag(width, height, filepath);
}
```

解答 83 認証用テキスト付きPNG画像を作る

この問題は、前の国旗の問題と同じようにして解くことができます。まだ、前問に手を付けていないようでしたら、この問題を解く前に前問を解くことを強く推奨します。

基本的には、画像には次の3要素が必要となります。

- 階調が変化する背景色。これは、画像の一方の端からもう一方の端へと色を変える（垂直または水平の）線を描くことで達成できます。線の描画はpngwriter::line()関数でできます。次のコードでは開始および終了位置、あるいはRGB色空間の赤緑青のチャネルの値などのオーバーロードが可能です。
- さまざまな角度で右や左に傾いたランダムな文字からなるテキスト。テキストを書くにはpngwriter::plot_text()関数で行えます。これにはFreeType2ライブラリが必要です。次に示すオーバーロード関数では、フォントファイルやそのサイズ、テキストを書く位置、角度（ラジアン）、テキストおよび色を指定できます。
- テキストに重なるよう画像全体に走るランダムな線。これらもpngwriter::line()関数を使って描けます。

ランダムなテキスト、色、線の位置のために、次に示すコードではstd::mt19937擬似乱数発生器と複数の一様整数分布を用いています。

```
void create_image(int const width, int const height,
                  std::string const & font, int const font_size,
                  std::string const & filepath)
{
   pngwriter image{ width, height, 0, filepath.c_str() };

   std::random_device rd;
   std::mt19937 mt;
   auto seed_data = std::array<int, std::mt19937::state_size> {};
```

```
    std::generate(std::begin(seed_data), std::end(seed_data), std::ref(rd));
    std::seed_seq seq(std::cbegin(seed_data), std::cend(seed_data));
    mt.seed(seq);
    std::uniform_int_distribution<> udx(0, width);
    std::uniform_int_distribution<> udy(0, height);
    std::uniform_int_distribution<> udc(0, 65535);
    std::uniform_int_distribution<> udt(0, 25);

    // 階調変化背景色
    for (int iter = 0; iter <= width; iter++)
    {
        image.line(
            iter, 0, iter, height,
            65535 - int(65535 * ((double)iter) / (width)),
            int(65535 * ((double)iter) / (width)),   65535);
    }

    // ランダムテキスト
    for (int i = 0; i < 6; ++i)
    {
        image.plot_text(
            // フォント
            font.c_str(), font_size,
            // 位置
            i * width / 6 + 10, height / 2 - 10,
            // 傾き
            (i % 2 == 0 ? -1 : 1) * (udt(mt) * 3.14) / 180,
            // テキスト
            std::string(1, char('A' + udt(mt))).c_str(),
            // 色
            0, 0, 0);
    }

    // ランダムな線
    for (int i = 0; i < 4; ++i)
    {
        image.line(udx(mt), 0, udx(mt), height,
                   udc(mt), udc(mt), udc(mt));

        image.line(0, udy(mt), width, udy(mt),
                   udc(mt), udc(mt), udc(mt));
    }

    image.close();
}
```

この関数は次の例のように使うことができます。フォントファイル（この場合はArial）へのパスがWindowsやAppleシステムではハードコードされていますが、他のプラットフォームではユーザが与える必要があります。

```
int main()
{
   std::string font_path;

#ifdef _WIN32
   font_path = R"(c:\windows\fonts\arial.ttf)";
#elif defined (__APPLE__)
   font_path = R"(/Library/Fonts/Arial.ttf)";
#else
   std::cout << "Font path: ";
   std::cin >> font_path;
#endif

   create_image(200, 50, font_path, 18, "validation.png");
}
```

このcreate_image()関数での背景の配色は、同じ幅の画像に対して同じグラデーションを生成します。グラデーションの色やテキストの色をランダムにするよう関数を修正しなさい。

解答 84 EAN-13バーコード作成器

国際商品識別コード（別名、イアンコード、EAN）はWikipediaの「EANコード」に記述されているように、国際的な商取引において、商品種別、梱包形態、製造者などを表示するためのバーコードおよび数字体系の標準です。最も広く使われているEAN標準は、13桁のEAN-13です。この標準の詳細については、バーコードの作成方式を含めて英語のWikipedia、https://en.wikipedia.org/wiki/International_Article_Numberに記述がありますので、本書ではこれ以上述べません。次のEAN-13バーコードは5901234123457という番号の、この問題で掲載していた例です（出典、英語のWikipedia）。

次のコードのean13クラスは、EAN-13標準での商品識別コードを表します。これは、文字列またはunsigned long longから作られ、文字列または数字の配列に変換して戻すことができます。与えられた引数が12桁の場合には、チェックサムを表す13桁目を計算し、引数が13桁の場合には、13桁目が正しいチェックサムかどうか検証できます。チェックサムは、10の倍数になるよう、先頭12桁の重み付き総和に追加されなければなりません。

```
struct ean13
{
   explicit ean13(std::string const & code)
   {
      if (code.length() == 13)
      {
         if (code[12] != '0' + get_crc(code.substr(0,12)))
            throw std::runtime_error("Not an EAN-13 format.");

         number = code;
      }
      else if (code.length() == 12)
      {
         number = code + std::string(1, '0' + get_crc(code));
      }
   }

   explicit ean13(unsigned long long code) : ean13(std::to_string(code)) {}

   std::array<unsigned char, 13> to_array() const
   {
      std::array<unsigned char, 13> result;
      for (int i = 0; i < 13; ++i)
         result[i] = static_cast<unsigned char>(number[i] - '0');
      return result;
   }
```

```
    std::string to_string() const noexcept { return number; }

private:
    unsigned char get_crc(std::string_view code)
    {
        unsigned char const weights[12] = { 1,3,1,3,1,3,1,3,1,3,1,3 };
        size_t index = 0;
        auto const sum = std::accumulate(
            std::cbegin(code), std::cend(code), 0,
            [&weights, &index](int const total, char const c) {
                    return total + weights[index++] * (c - '0'); });
        return static_cast<unsigned char>(10 - sum % 10);
    }

    std::string number;
};
```

Wikipediaにあるように、バーコードは95個の等間隔領域からなり、左から右に次のようになっています。

- 開始マーカの3領域。
- 左の6個の数字の42領域。これは2から7桁目までの数字を符号化する7領域の6グループに分けられる。この符号化は偶数か奇数のパリティを持つことができ、このパリティとともにEAN-13の先頭数字を符号化している。
- センターマーカの5領域。
- 右の6個の数字の42領域。これは8から13桁目までの数字を符号化する7領域の6グループに分けられる。これらの数字はすべて偶数パリティで符号化する。13桁目はチェックサムの数字。
- 最終マーカの3領域。

次の表はWikipediaに掲載されていて、6桁の数字の2つのグループの符号化（第1の表）と先頭の数字の値に基づいた数字そのものの符号化（第2の表）を示します。

先頭の数字	6桁の第1グループ	6桁の第2グループ
0	LLLLLL	RRRRRR
1	LLGLGG	RRRRRR
2	LLGGLG	RRRRRR
3	LLGGGL	RRRRRR
4	LGLLGG	RRRRRR
5	LGGLLG	RRRRRR
6	LGGGLL	RRRRRR
7	LGLGLG	RRRRRR
8	LGLGGL	RRRRRR
9	LGGLGL	RRRRRR

数字	Lコード	Gコード	Rコード
0	0001101	0100111	1110010
1	0011001	0110011	1100110
2	0010011	0011011	1101100
3	0111101	0100001	1000010
4	0100011	0011101	1011100
5	0110001	0111001	1001110
6	0101111	0000101	1010000
7	0111011	0010001	1000100
8	0110111	0001001	1001000
9	0001011	0010111	1110100

ean13_barcode_generatorクラスは、ean13数値表現からEAN-13バーコードPNGを作成する機能とそれをディスクファイルに保存する機能とをカプセル化します。このク

ラスには次のような複数のメンバがあります。

- create()は、このクラス唯一のパブリック関数。引数にEAN-13数値、出力ファイルのパス、各ビットの幅（ピクセル）、バーコードのバーの高さおよびバーコード領域のマージンを指定する。関数は順番に開始マーカ、最初の6桁の数字、中央のマーカ、最後の6桁の数字、最終マーカを描画して、画像をファイルに保存する。
- draw_digit()は、プライベートヘルパー関数でpngwriter::filledsquare()メソッドを使って、7ビットの数字と開始、中央、最終の各マーカを描く。
- 符号表とマーカ値はプライベートメンバ変数encodings, eandigits, marker_start, marker_end, marker_centerで定義される。

ean13_barcode_generatorクラスを次のプログラムで示します。

```
struct ean13_barcode_generator
{
   void create(ean13 const & code,
               std::string_view filename,
               int const digit_width = 3,
               int const height = 50,
               int const margin = 10) const;

private:
   int draw_digit(unsigned char const code, unsigned int const size,
                  pngwriter& image,
                  int const x, int const y,
                  int const digit_width, int const height) const
   {
      std::bitset<7> const bits(code);
      int pos = x;
      for (int i = size - 1; i >= 0; --i)
      {
         if (bits[i] != 0)
         {
            image.filledsquare(pos, y, pos + digit_width, y + height, 0, 0, 0);
         }

         pos += digit_width;
      }
      return pos;
```

```
   }

   unsigned char const encodings[10][3] =
   {
      { 0b0001101, 0b0100111, 0b1110010 },
      { 0b0011001, 0b0110011, 0b1100110 },
      { 0b0010011, 0b0011011, 0b1101100 },
      { 0b0111101, 0b0100001, 0b1000010 },
      { 0b0100011, 0b0011101, 0b1011100 },
      { 0b0110001, 0b0111001, 0b1001110 },
      { 0b0101111, 0b0000101, 0b1010000 },
      { 0b0111011, 0b0010001, 0b1000100 },
      { 0b0110111, 0b0001001, 0b1001000 },
      { 0b0001011, 0b0010111, 0b1110100 },
   };

   unsigned char const eandigits[10][6] =
   {
      { 0,0,0,0,0,0 },
      { 0,0,1,0,1,1 },
      { 0,0,1,1,0,1 },
      { 0,0,1,1,1,0 },
      { 0,1,0,0,1,1 },
      { 0,1,1,0,0,1 },
      { 0,1,1,1,0,0 },
      { 0,1,0,1,0,1 },
      { 0,1,0,1,1,0 },
      { 0,1,1,0,1,0 },
   };

   unsigned char const marker_start  = 0b101;
   unsigned char const marker_end    = 0b101;
   unsigned char const marker_center = 0b01010;
};
```

create()メソッドは、次のように実装されます。

```
void ean13_barcode_generator::create(ean13 const & code,
      std::string const & filename,
      int const digit_width = 3,
      int const height = 50,
      int const margin = 10)
{
   pngwriter image(
      margin * 2 + 95 * digit_width,
      height + margin * 2,
```

```
      65535,
      filename.c_str());

   std::array<unsigned char, 13> const digits = code.to_array();

   int x = margin;
   x = draw_digit(marker_start, 3, image, x, margin, digit_width, height);

   for (int i = 0; i < 6; ++i)
   {
      int const code = encodings[digits[1 + i]][eandigits[digits[0]][i]];
      x = draw_digit(code, 7, image, x, margin, digit_width, height);
   }

   x = draw_digit(marker_center, 5, image, x, margin, digit_width, height);

   for (int i = 0; i < 6; ++i)
   {
      int const code = encodings[digits[7 + i]][2];
      x = draw_digit(code, 7, image, x, margin, digit_width, height);
   }

   x = draw_digit(marker_end, 3, image, x, margin, digit_width, height);

   image.close();
}
```

このクラスは次のように使うことができます。

```
int main()
{
   ean13_barcode_generator const generator;

   generator.create(ean13("5901234123457"), "5901234123457.png", 5, 150, 30);
}
```

EAN-13番号を、生成したバーコードの下に出力しなさい。

解答 85 SQLiteデータベースから映画を読み込む

SQLiteは、Cで書かれたインプロセスリレーショナルデータベースライブラリです(多数のプログラミング言語がSQLiteのバインディングをサポートしています)。SQLiteは、クライアント/サーバ方式のデータベースエンジンではなくて、アプリケーションに埋め込まれて使われます。テーブル、インデックス、トリガー、ビューを含めたデータベース全体が1つのデータファイルに収まります。データベースアクセスが、ローカルなディスクファイルのアクセスだけでプロセス間通信を含まないので、SQLiteは他のデータベースエンジンに比較してパフォーマンスがよいです。SQLiteは、名前が示す通り、SQLを使いますが、SQLの全機能(例えば、`RIGHT OUTER JOIN`)を実装しているわけではありません。SQLiteは、Webブラウザ(主要なブラウザではWeb SQLデータベース技術を使ってSQLiteデータベースとの間でデータの取得や格納ができる)、Webフレームワーク(Bugzilla、Django、Drupal、Ruby on Railsなど)、OS(Android、Windows 10、FreeBSD、OpenBSD、Symbian OSなど)でも使えるだけでなく、モバイルアプリやゲームでも使えます。SQLiteには制限事項もあり、その中ではユーザ管理の欠如がよく知られています。SQLCipherと呼ばれるサードパーティの拡張機能は、SQLiteデータベースに透過的な256ビットAES暗号化を提供します。このライブラリはhttps://www.sqlite.org/から入手できます。

SQLiteライブラリには多数のソースファイルやスクリプトが含まれていますが、アマルガメーションと呼ばれるコンパクト版もあります。これはすべてのアプリケーションで使えるお勧めのバージョンです。アマルガメーションには`sqlite3.h`と`sqlite3.c`という2つのファイルだけがあって、アプリケーションとともにコンパイルできます。他のツールを含めたライブラリパッケージとともにアマルガメーションパッケージはhttps://www.sqlite.org/download.htmlからダウンロードできます。

既に述べたように、SQLiteライブラリはCで書かれていますが、`SQLiteCPP`, `CppSQLite`, `sqlite3cc`, `sqlite_modern_cpp`というようなさまざまなC++ラッパーがあります。本書では、軽量で、モダンC++で書かれ、C++17とSQLCipherをサポートするという理由から、`sqlite_modern_cpp`を使います。このライブラリはhttps://github.com/SqliteModernCpp/sqlite_modern_cppで入手できます。このライブラリを使うときには、ソースファイルに`sqlite_modern_cpp.h`をインクルードしなければなりません。

この問題を解くコードを書く前に、データベースを作っておかないといけません。

データベースの構造は、問題文の中に記述されていました。sqlite3というSQLiteコマンドラインツールを使ってデータベースを作ることができます。新データベースの作成でも既存のデータベースのオープンでも次のコマンドを実行しなければなりません。

```
sqlite3 <filename>
```

本書付属のソースコードには、cppchallenger85.dbというデータベースを既に作ってあります。しかし、読者が新たにデータベースファイルをオープンして次のコマンドを実行すれば、自分で作ることもできます。

```
create table movies(title text not null,
                    year integer not null,
                    length integer not null);

create table persons(name text not null);

create table directors(movieid integer not null,
                       personid integer not null);

create table writers(movieid integer not null,
                     personid integer not null);

create table casting(movieid integer not null,
                     personid integer not null,
                     role text not null);
```

ここで定義されているカラムを除いてSQLiteはrowidと呼ばれる暗黙のカラムを追加することに注意してください。これは、テーブル内の行を識別する自動的にインクリメントされた64ビット符号付き整数です。cppchallenger85.dbデータベースには、次のコマンドで追加された映画のデータが含まれています。

```
insert into movies values ('The Matrix', 1999, 196);
insert into movies values ('Forrest Gump', 1994, 202);

insert into persons values('Keanu Reeves');
insert into persons values('Laurence Fishburne');
insert into persons values('Carrie-Anne Moss');
insert into persons values('Hugo Weaving');
insert into persons values('Lana Wachowski');
insert into persons values('Lilly Wachowski');
insert into persons values('Tom Hanks');
insert into persons values('Sally Field');
```

```
insert into persons values('Robin Wright');
insert into persons values('Mykelti Williamson');
insert into persons values('Robert Zemeckis');
insert into persons values('Winston Groom');
insert into persons values('Eric Roth');

insert into directors values(1, 5);
insert into directors values(1, 6);
insert into directors values(2, 11);

insert into writers values(1, 5);
insert into writers values(1, 6);
insert into writers values(2, 12);
insert into writers values(2, 13);

insert into casting values(1, 1, 'Neo');
insert into casting values(1, 2, 'Morpheus');
insert into casting values(1, 3, 'Trinity');
insert into casting values(1, 4, 'Agent Smith');
insert into casting values(2, 7, 'Forrest Gump');
insert into casting values(2, 8, 'Mrs. Gump');
insert into casting values(2, 9, 'Jenny Curran');
insert into casting values(2, 10, 'Bubba Blue');
```

データベースを作ってデータを格納したあと、問題を解く次の段階に移行します。この問題と次の問題には、映画を表すために次のクラスを用います。

```
struct casting_role
{
   std::string actor;
   std::string role;
};
struct movie
{
   unsigned int              id;
   std::string               title;
   int                       year;
   unsigned int              length;
   std::vector<casting_role> cast;
   std::vector<std::string>  directors;
   std::vector<std::string>  writers;
};
using movie_list = std::vector<movie>;
```

sqlite_modern_cppライブラリの主クラスはsqlite::databaseです。これは、データベースへの接続、文の作成と実行、パラメータバインディングとコールバック、トランザクション処理といった機能を提供します。`sqlite::database`コンストラクタにファイルパスを渡してデータベースをオープンできます。SQLiteの操作中に例外が起こったなら、`sqlite::sqlite_exception`オブジェクトが投げられます。次のコードは、（カレントフォルダの）`cppchallenger85.db`と呼ばれるデータベースファイルに接続するプログラムの`main()`関数を示します。接続が成功すると、データベースのすべての映画データを取得して表示します。

```
int main()
{
   try
   {
      sqlite::database db(R"(cppchallenger85.db)");

      auto const movies = get_movies(db);
      for (auto const & m : movies)
         print_movie(m);
   }
   catch (sqlite::sqlite_exception const & e)
   {
      std::cerr << e.get_code() << ": " << e.what() << " during "
                << e.get_sql() << std::endl;
   }
   catch (std::exception const & e)
   {
      std::cerr << e.what() << std::endl;
   }
}
```

次に示す関数は、映画をコンソールに表示します。

```
void print_movie(movie const & m)
{
   std::cout << "[" << m.id << "] "
             << m.title << " (" << m.year << ") "
             << m.length << "min" << std::endl;
   std::cout << " directed by: ";
   for (auto const & d : m.directors) std::cout << d << ",";
   std::cout << std::endl;
   std::cout << " written by: ";
   for (auto const & w : m.writers) std::cout << w << ",";
   std::cout << std::endl;
   std::cout << " cast: ";
```

```
      for (auto const & r : m.cast)
         std::cout << r.actor << " (" << r.role << "),";
      std::cout << std::endl << std::endl;
   }
```

sqlite::databaseクラスにはオーバーロード演算子<<と>>があります。前者は、文を用意してパラメータをバインドし、データベースの入力操作を実行し、後者はデータベースからデータを取得します。パラメータをバインドするには、SQL文のパラメータ名に記号?を使い、オーバーロードしたoperator<<にパラメータ値を入力します。パラメータは、sqlite::databaseオブジェクトに書かれた順番にバインドされます。SQL文の各文を評価した結果、コールバック関数が呼び出されます。sqlite_modern_cppでは、行の各カラムに対して（適切な型の）パラメータを持つラムダ関数を定義します。null値のカラムに対しては、std::unique_ptr<T>か（C++17機能がサポートされているなら）std::optional<T>を使うことができます。

get_directors()という次の関数は、directorsとpersonsの両テーブルから映画の全監督を読み出します。次のSQL文やその次のSQL文では、暗黙的に追加されたrowidカラムを使っていることに注意してください。

```
std::vector<std::string> get_directors(sqlite3_int64 const movie_id,
                                       sqlite::database & db)
{
   std::vector<std::string> result;
   db << R"(select p.name from writers as w
         join persons as p on w.personid = p.rowid
         where w.movieid = ?;)"
      << movie_id
      >> [&result](std::string const name)
         {
            result.emplace_back(name);
         };

   return result;
}
```

同様に、get_writers()は次のプログラムに示すように、writersテーブルから映画の脚本家を読み出します。

```
std::vector<std::string> get_writers(sqlite3_int64 const movie_id,
                                     sqlite::database & db)
{
```

```
   std::vector<std::string> result;
   db << R"(select p.name from writers as w
        join persons as p on w.personid = p.rowid
        where w.movieid = ?;)"
      << movie_id
      >> [&result](std::string const name)
         {
            result.emplace_back(name);
         };

   return result;
}
```

キャスティングロールは、次のように、get_cast()関数を使いcastingテーブルから取得できます。

```
std::vector<casting_role> get_cast(sqlite3_int64 const movie_id,
                                   sqlite::database & db)
{
   std::vector<casting_role> result;
   db << R"(select p.name, c.role from casting as c
        join persons as p on c.personid = p.rowid
        where c.movieid = ?;)"
      << movie_id
      >> [&result](std::string const name, std::string role)
         {
            result.emplace_back(casting_role{ name, role });
         };

   return result;
}
```

これらの関数すべてが、データベースの映画すべてのリストを返すget_movies()関数で使われます。この関数は次のように実装されます。

```
movie_list get_movies(sqlite::database & db)
{
   movie_list movies;

   db << R"(select rowid, * from movies;)"
      >> [&movies, &db](sqlite3_int64 const rowid, std::string const & title,
                        int const year, int const length)
         {
            movies.emplace_back(movie{
               static_cast<unsigned int>(rowid),
```

```
               title,
               year,
               static_cast<unsigned int>(length),
               get_cast(rowid, db),
               get_directors(rowid, db),
               get_directors(rowid, db)
               });
         };

   return movies;
}
```

これらすべてを実装すれば、解が完成します。次のスクリーンショットは、プログラムの出力を示します。

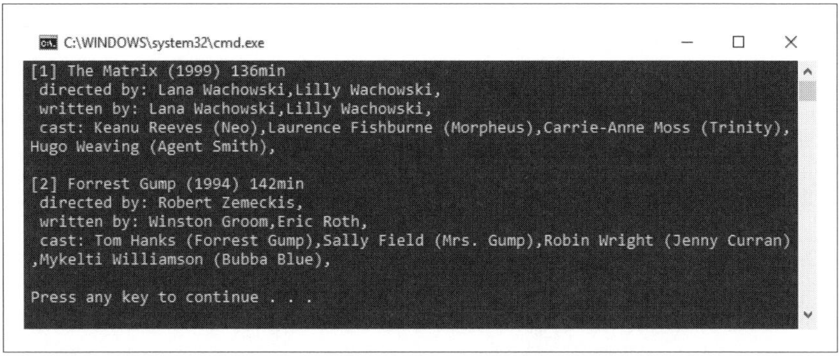

```
C:\WINDOWS\system32\cmd.exe
[1] The Matrix (1999) 136min
 directed by: Lana Wachowski,Lilly Wachowski,
 written by: Lana Wachowski,Lilly Wachowski,
 cast: Keanu Reeves (Neo),Laurence Fishburne (Morpheus),Carrie-Anne Moss (Trinity),
Hugo Weaving (Agent Smith),

[2] Forrest Gump (1994) 142min
 directed by: Robert Zemeckis,
 written by: Winston Groom,Eric Roth,
 cast: Tom Hanks (Forrest Gump),Sally Field (Mrs. Gump),Robin Wright (Jenny Curran)
,Mykelti Williamson (Bubba Blue),

Press any key to continue . . .
```

解答86　SQLiteデータベースに映画をトランザクションで挿入する

この問題を解くのに前問の解を使います。この問題を解く前に前問を解いておいてください。それから、この問題の解で使うsplit()関数は、3章の**解答27**で作成したので省略します。本書に付属のソースコードに、この問題のレコードを含むcppchallenger86.dbというデータベースファイルを入れてあります。

次のread_movie()関数は、コンソールからタイトル、公開年、上映時間（分）、監督、脚本家、俳優名とキャラクター名という映画に関する情報を読み取り、movieオブジェクトを作り、それを返します。俳優名とキャラクター名は、actor name = role nameという形式の要素をカンマ区切りリストにしたものです。例えば、前問に出てきた「The Matrix」では、Keanu Reeves=Neo, Laurence Fishburne=Morpheus, Carrie-Anne

Moss=Trinity, Hugo Weaving=Agent Smithという行が入力されるはずです。空白を含むテキスト行の読み込みには、std::getline()関数を使わねばなりません。std::cinオブジェクトを使って読むと、最初の空白で入力が終わってしまいます。

```
movie read_movie()
{
   movie m;

   std::cout << "Enter movie" << std::endl;
   std::cout << "Title: ";
   std::getline(std::cin, m.title);

   std::cout << "Year: "; std::cin >> m.year;
   std::cout << "Length: "; std::cin >> m.length;
   std::cin.ignore();

   std::string directors;
   std::cout << "Directors: ";
   std::getline(std::cin, directors);
   m.directors = split(directors, ',');

   std::string writers;
   std::cout << "Writers: ";
   std::getline(std::cin, writers);
   m.writers = split(writers, ',');

   std::string cast;
   std::cout << "Cast: ";
   std::getline(std::cin, cast);
   auto roles = split(cast, ',');
   for (auto const & r : roles)
   {
      auto const pos = r.find_first_of('=');
      casting_role cr;
      cr.actor = r.substr(0, pos);
      cr.role = r.substr(pos + 1, r.size() - pos - 1);
      m.cast.emplace_back(cr);
   }

   return m;
}
```

次のget_person_id()関数は、テーブル作成時に（特に指定しない限り）SQLiteが自動的に追加する自動増分フィールドrowidによる、人物の識別番号を返します。rowid

カラムの型はsqlite_int64で、64ビット符号付き整数です。

```
sqlite_int64 get_person_id(std::string const & name, sqlite::database & db)
{
   sqlite_int64 id = 0;
   db << "select rowid from persons where name=?;"
      << name
      >> [&id](sqlite_int64 const rowid) {id = rowid; };

   return id;
}
```

各関数insert_person()、insert_directors()、insert_writers()およびinsert_cast()は、それぞれがpersons、directors、writersおよびcastingの各テーブルに新たなレコードを挿入します。これには、あとで見るように、main()の引数で渡されるsqlite::databaseオブジェクトを使っています。監督、脚本家、俳優の挿入時には、その人物がテーブルpersonに登録済みかどうか調べて、そうでない場合は追加します。

```
sqlite_int64 insert_person(std::string const & name, sqlite::database & db)
{
   db << "insert into persons values(?);"
      << name;
   return db.last_insert_rowid();
}

void insert_directors(sqlite_int64 const movie_id,
                      std::vector<std::string> const & directors,
                      sqlite::database & db)
{
   for (auto const & director : directors)
   {
      auto id = get_person_id(director, db);

      if (id == 0)
         id = insert_person(director, db);

      db << "insert into directors values(?, ?);"
         << movie_id
         << id;
   }
}

void insert_writers(sqlite_int64 const movie_id,
                    std::vector<std::string> const & writers,
```

```
                      sqlite::database & db)
{
   for (auto const & writer : writers)
   {
      auto id = get_person_id(writer, db);

      if (id == 0)
         id = insert_person(writer, db);

      db << "insert into writers values(?, ?);"
         << movie_id
         << id;
   }
}

void insert_cast(sqlite_int64 const movie_id,
                 std::vector<casting_role> const & cast,
                 sqlite::database & db)
{
   for (auto const & cr : cast)
   {
      auto id = get_person_id(cr.actor, db);

      if (id == 0)
         id = insert_person(cr.actor, db);

      db << "insert into casting values(?,?,?);"
         << movie_id
         << id
         << cr.role;
   }
}
```

insert_movie()関数は、movieテーブルに新たなレコードを挿入して、既に定義した関数を使って映画の監督、脚本家、俳優をそれぞれのテーブルに追加します。これらの演算すべてが1回のトランザクションで実行されます。トランザクションは、begin;、commit;およびrollback;コマンドを使ってsqlite::databaseオブジェクトで処理されます。コマンドは、sqlite::databaseクラスのオーバーロードされたoperator<<により実行されます。トランザクションは、関数の先頭で開始され、最後にコミットされます。SQLコマンドの実行中に例外が起きると、トランザクションはロールバックされます。

```
void insert_movie(movie& m, sqlite::database & db)
{
   try
   {
      db << "begin;";

      db << "insert into movies values(?,?,?);"
         << m.title
         << m.year
         << m.length;

      auto movieid = db.last_insert_rowid();

      insert_directors(movieid, m.directors, db);
      insert_writers(movieid, m.writers, db);
      insert_cast(movieid, m.cast, db);

      m.id = static_cast<unsigned int>(movieid);

      db << "commit;";
   }
   catch (std::exception const &)
   {
      db << "rollback;";
   }
}
```

これらすべてが定義できたら、cppchallenger86.dbというSQLiteデータベースをオープンして、コンソールから映画を読み込み、データベースに挿入して、コンソールに映画の全リストを出力する次のプログラムを書くことができます。

```
int main()
{
   try
   {
      sqlite::database db(R"(cppchallenger86.db)");

      auto const movie = read_movie();
      insert_movie(movie, db);

      auto const movies = get_movies(db);
      for (auto const & m : movies)
         print_movie(m);
   }
   catch (sqlite::sqlite_exception const & e)
```

```
    {
       std::cerr << e.get_code() << ": " << e.what() << " during "
                 << e.get_sql() << std::endl;
    }
    catch (std::exception const & e)
    {
       std::cerr << e.what() << std::endl;
    }
}
```

解答 87 SQLiteデータベースで映画の画像を扱う

この問題に取り組む前に、前問2つを解いておいてください。この問題では、データベースにテーブルを追加して、画像や可能ならビデオのような他のメディアも格納できるようにデータベースを拡張しなければなりません。メディアファイルの内容そのものはblobフィールドに格納しなければなりませんが、descriptionやfilenameのような他の属性も格納する必要があります。

大きなオブジェクトを使う際には、2つの選択肢があります。それをblobとして直接データベースに格納するか、別ファイルに格納してデータベースにはファイルパスだけを格納するかです。SQLiteの開発者が行ったテストによると、100 KBより小さいオブジェクトは、データベースに直接格納したほうが、読み込みが高速です。それより大きいオブジェクトなら、別のファイルにしておいたほうが高速です。こういうことを考慮してデータベースモデルを設計しなければなりません。しかし、本書では、性能上の側面は無視してデータベース内にメディアファイルを格納します。

メディアファイル（mediaという名にします）の追加テーブルを作るには、**解答85**のように、コマンドラインツールsqlite3で、データベースファイルを開き、次のコマンドを実行します。本書付属のコードには、拡張データベースモデルを含んだcppchallenger87.dbというデータベースファイルがあります。

```
create table media(movieid integer not null,
                   name text not null,
                   description text,
                   content blob not null);
```

descriptionフィールドはnull値の場合があります。コンパイラがC++17機能をサポートしているなら、sqlite_modern_cppでは、std::optional<T>を使うことができます。しかし、それを使うには、マクロMODERN_SQLITE_STD_OPTIONAL_SUPPORTを定義する必要があります。サポートしていないなら、代わりにstd::unique_ptr<T>を使います。

mediaテーブルからオブジェクトを扱うには、次に示すような型を使います。**解答85**(212ページ)にも出てきたrowidフィールドの型はsqlite3_int64ですが、本書の前問2つや他の問題で使われたmovieの型と一致するように、ここではunsigned intを用います。

```
struct media
{
   unsigned int                id;
   unsigned int                movie_id;
   std::string                 name;
   std::optional<std::string> text;
   std::vector<char>           blob;
};

using media_list = std::vector<media>;
```

add_media(), get_media()およびdelete_media()関数は、映画のメディアファイルを追加、取得、および削除します。前回の問題でsqlite_modern_cpp APIを経験していれば、理解が容易でしょう。注意すべき点は、テーブルからフィールドを選ぶとき(この場合はmediaテーブル)、テーブルの全フィールドを選ぶとき*を使うと、rowidフィールドが含まれないので明示的に指定する必要があることです。

```
bool add_media(sqlite_int64 const movieid,
               std::string const & name,
               std::string const & description,
               std::vector<char> content,
               sqlite::database & db)
{
   try
   {
      db << "insert into media values(?,?,?,?)"
         << movieid
         << name
         << description
         << content;
```

```
        return true;
    }
    catch (...) { return false; }
}

media_list get_media(sqlite_int64 const movieid,
                     sqlite::database & db)
{
    media_list list;

    db << "select rowid, * from media where movieid = ?;"
       << movieid
       >> [&list](sqlite_int64 const rowid,
             sqlite_int64 const movieid,
             std::string const & name,
             std::optional<std::string> const text,
             std::vector<char> const & blob)
          {
              list.emplace_back(media{
                 static_cast<unsigned int>(rowid),
                 static_cast<unsigned int>(movieid),
                 name,
                 text,
                 blob});
          };

    return list;
}

bool delete_media(sqlite_int64 const mediaid,
                  sqlite::database & db)
{
    try
    {
       db << "delete from media where rowid = ?;"
          << mediaid;

       return true;
    }
    catch (...) { return false; }
}
```

メディアファイルは、movie識別子を指定することでmovieに関連付けられます。タイトルで指定された映画の識別子を見つけるには、次に示すget_movies()関数を使います。これは、指定したタイトルにマッチするすべての映画のリストを取得できます。複数見つかる場合は、メディアファイルに追加したい映画を1つ選択することができます。

```
movie_list get_movies(std::string_view title, sqlite::database & db)
{
   movie_list movies;

   db << R"(select rowid, * from movies where title=?;)"
      << title.data()
      >> [&movies, &db](sqlite3_int64 const rowid, std::string const & title,
                        int const year, int const length)
   {
      movies.emplace_back(movie{
         static_cast<unsigned int>(rowid),
         title,
         year,
         static_cast<unsigned int>(length),
         {},
         {},
         {}
         });
   };

   return movies;
}
```

メインプログラムはコマンドを受け付けてコンソールに実行結果を出力する小さなユーティリティとして実装されます。コマンドには、映画の検索、映画のメディアファイルの追加、一覧表示、および削除を含みます。次に示すprint_commands()関数は、利用可能なコマンドを表示します。

```
void print_commands()
{
   std::cout << "find <title>                          finds a movie ID\n"
             << "list <movieid>                        lists the images of a movie\n"
             << "add <movieid>,<path>,<description>    adds a new image\n"
             << "del <imageid>                         delete an image\n"
             << "help                                  shows available commands\n"
             << "exit                                  exists the application\n";
}
```

main()関数の実装を次のコードで示します。まずcppchallenger85.dbというSQLiteデータベースをオープンします。コンソールからユーザ入力を読み取りコマンドを実行するというループを永久に続けます。ユーザがコマンドexitを入力すると、ループを抜けてメインプログラムが終了します。

```
int main()
{
   try
   {
      sqlite::database db(R"(cppchallenger87.db)");

      while (true)
      {
         std::string line;
         std::getline(std::cin, line);

         if (line == "help") print_commands();
         else if (line == "exit") break;
         else
         {
            if (starts_with(line, "find"))
               run_find(line, db);
            else if (starts_with(line, "list"))
               run_list(line, db);
            else if (starts_with(line, "add"))
               run_add(line, db);
            else if (starts_with(line, "del"))
               run_del(line, db);
            else
               std::cout << "unknown command" << std::endl;
         }

         std::cout << std::endl;
      }
   }
   catch (sqlite::sqlite_exception const & e)
   {
      std::cerr << e.get_code() << ": " << e.what() << " during "
                << e.get_sql() << std::endl;
   }
   catch (std::exception const & e)
   {
      std::cerr << e.what() << std::endl;
   }
}
```

サポートされているコマンドは、それぞれ別の関数で実装されています。run_find(), run_list(), run_add()およびrun_del()は、ユーザ入力をパースし、既に述べたように適切なデータベースアクセス関数を呼び出し、結果をコンソールに出力します。これらの関数は、ユーザ入力を完全にはチェックしません。コマンドは大文字小文字を区別するので、小文字で入力しなければなりません。

run_find()関数は、ユーザ入力から映画のタイトルを抽出し、get_movies()を呼び出してそのタイトルのすべての映画のリストを取得し、結果をコンソールに出力します。

```
void run_find(std::string_view line, sqlite::database & db)
{
   auto title = trim(line.substr(5));

   auto movies = get_movies(title, db);
   if (movies.empty())
      std::cout << "empty" << std::endl;
   else
   {
      for (auto const & m : movies)
      {
         std::cout << m.id << " | "
                   << m.title << " | "
                   << m.year << " | "
                   << m.length << "min"
                   << std::endl;
      }
   }
}
```

run_list()関数は、ユーザ入力から映画の数値識別子を抽出し、get_media()を呼び出してその映画のすべてのメディアファイルを取得し、それらをコンソールに出力します。この関数はオブジェクト全体を出力するのではなく、blobフィールドの長さだけを出力します。

```
void run_list(std::string_view line, sqlite::database & db)
{
   auto const movieid = std::stoi(trim(line.substr(5)));
   if (movieid > 0)
   {
      auto list = get_media(movieid, db);
      if (list.empty())
      {
```

```
         std::cout << "empty" << std::endl;
      }
      else
      {
         for (auto const & m : list)
         {
            std::cout << m.id << " | "
                      << m.movie_id << " | "
                      << m.name << " | "
                      << m.text.value_or("(null)") << " | "
                      << m.blob.size() << " bytes"
                      << std::endl;
         }
      }
   }
   else
      std::cout << "input error" << std::endl;
}
```

映画にファイルを追加するにはrun_add()を使用します。この関数は、ユーザ入力の(add <movieid>,<path>,<description>のような)カンマ区切りフォーマットから映画識別子、ファイルパス、説明を抽出して、ヘルパー関数load_image()を用いてディスクからファイルのコンテンツをロードして、それをmediaテーブルに新たなレコードとして追加します。ここに示す実装では、ファイルの型のチェックをしていないので、実際には、画像やビデオ以外のどのようなファイルでも映画に追加することができます。

このプログラムに修正を加えて、追加されるファイルが画像やビデオかどうか検証しなさい。

```
std::vector<char> load_image(std::string_view filepath)
{
   std::vector<char> data;
   std::ifstream ifile(filepath.data(), std::ios::binary | std::ios::ate);
   if (ifile.is_open())
   {
      auto size = ifile.tellg();
      ifile.seekg(0, std::ios::beg);

      data.resize(static_cast<size_t>(size));
      ifile.read(data.data(), size);
   }
```

```
    return data;
}

void run_add(std::string_view line, sqlite::database & db)
{
    auto parts = split(trim(line.substr(4)), ',');
    if (parts.size() == 3)
    {
        auto movieid = std::stoi(parts[0]);
        auto path = fs::path{parts[1]};
        auto desc = parts[2];

        auto content = load_image(parts[1]);
        auto name = path.filename().string();

        auto success = add_media(movieid, name, desc, content, db);
        if (success)
            std::cout << "added" << std::endl;
        else
            std::cout << "failed" << std::endl;
    }
    else
        std::cout << "input error" << std::endl;
}
```

最後のコマンドはメディアファイルの削除です。run_del()関数は、削除するmediaテーブルのレコードの識別子を取り、delete_media()を呼び出してテーブルから削除します。

```
void run_del(std::string_view line, sqlite::database & db)
{
    auto mediaid = std::stoi(trim(line.substr(4)));
    if (mediaid > 0)
    {
        auto success = delete_media(mediaid, db);
        if (success)
            std::cout << "deleted" << std::endl;
        else
            std::cout << "failed" << std::endl;
    }
    else
        std::cout << "input error" << std::endl;
}
```

ここまでのコードには、いくつかのヘルパー関数を使いました。split()はテキストを指定された区切り文字でトークンに分割します。starts_with()は指定された文字列が指定された部分文字列で始まっているかどうかをチェックします。trim()は文字列の先頭と末尾のすべての空白を取り除きます。これらの関数を次に示します。

```
std::vector<std::string> split(std::string text, char const delimiter)
{
   auto sstr = std::stringstream{text};
   auto tokens = std::vector<std::string>{};
   auto token = std::string{};
   while (std::getline(sstr, token, delimiter))
   {
      if (!token.empty()) tokens.push_back(token);
   }
   return tokens;
}

inline bool starts_with(std::string_view text, std::string_view part)
{
   return text.find(part) == 0;
}

inline std::string trim(std::string_view text)
{
   auto first{ text.find_first_not_of(' ') };
   auto last{ text.find_last_not_of(' ') };
   return text.substr(first, (last - first + 1));
}
```

既に述べたいくつかのコマンドを実行したリストを次に示します。「The Matrix」のすべての映画を表示することから始めますが、1つしかありませんでした。この映画のメディアファイルをリスト出力しようとしましたが、何もありませんでした。その後、resフォルダからthe_matrix.jpgというファイルを追加し、メディアファイルのリストを再度出力します。最後に、先ほど追加したメディアファイルを削除し、再度ファイルの出力をしてリストが空であることを確認します。

```
find The Matrix
1 | The Matrix | 1999 | 196min

list 1
empty
```

```
add 1,.\res\the_matrix.jpg,Main poster
added

list 1
1 | 1 | the_matrix.jpg | Main poster | 193906 bytes

del 1
deleted

list 1
empty
```

11章
暗号

問題

問題 88 シーザー暗号

右回転とシフト値を使ったシーザー暗号を使用して、メッセージを暗号化したり復号するプログラムを書きなさい。簡単のために、このプログラムではテキスト中の大文字のみをエンコードし、記号、その他の種類の文字は無視します。

問題 89 ヴィジュネル暗号

ヴィジュネル暗号を使用してメッセージを暗号化したり復号するプログラムを書きなさい。簡単のために、暗号化する平文メッセージ入力は大文字のみとします。

問題 90 base64符号化と復号

base64符号体系を使ってバイナリデータを符号化、復号するプログラムを書きなさい。サードパーティライブラリを使わず、符号化および復号関数を自分で実装しなければなりません。符号化に使うテーブルはMIME仕様とします。

問題 91 ユーザの資格情報を検証する

セキュリティシステムでユーザの資格を認証する方式をシミュレーションするプログラムを書きなさい。前もってシステムに登録されているユーザのみがログインできるものとします。ユーザがユーザ名とパスワードを入力すると、プログラムは登録ユーザにマッチしているかチェックします。マッチしていればユーザはシステムにアクセスできますが、そうでないと操作は失敗します。セキュリティのために、システムはパスワードを記録せず、SHAハッシュ値を使います。

問題 92 ファイルのハッシュを計算する

ファイルのパスを与えると、ファイルのコンテンツに対するSHA1, SHA256およびMD5ハッシュ値を計算してコンソールに出力するプログラムを書きなさい。

問題 93 ファイルの暗号化と復号

AES（Advanced Encryption Standard、Rijndaelとも呼ぶ）を使ってファイルの暗号化と復号を行うプログラムを書きなさい。ソースファイル、宛先ファイルパス、およびパスワードを指定できるようにしなさい。

問題 94 ファイル署名

RSA暗号を用いてファイルに署名し、署名付きファイルが改ざんされていないことを検証するプログラムを書きなさい。ファイル署名時には、署名は別のファイルに書き、あとで検証プロセスで使えるようにします。プログラムは少なくとも、ファイル署名（ファイルパス、RSA秘密鍵へのパス、署名が書かれたファイルへのパスを引数に取る）とファイル検証（ファイルパス、RSA公開鍵へのパス、署名が書かれたファイルへのパスを引数に取る）の2関数を用意しなければなりません。

解答

解答 88 シーザー暗号

シーザー暗号は、**カエサル式暗号**、**シーザーコード**、**シーザーシフト**、または**シフト暗号**とも呼ばれる、非常に昔からある単純で広く知られた暗号化手法です。これは、平文の各文字をアルファベット順で定められた個数分後ろの文字で置き換えるものです。この手法は、ジュリアス・シーザーが軍事機密を隠すために用いました。彼は3文字シフトを用いたのでAがD、BがEというようになりました。この暗号化では、CPPCHALLENGERがFSSFKDOOHQJHUになります。この暗号は、https://ja.wikipedia.org/wiki/シーザー暗号 で解説されています。

シーザー暗号は簡単に破ることができるので、現在の暗号としては役立ちませんが、オンラインフォーラムやニュースグループで、ネタバレ、侮蔑語、パズルの解答などを隠すために使われます。本書でのこの問題は、簡単な練習問題として取り上げただけなので、実際の暗号化目的でこのような簡単な換字式暗号を使ってはいけません。

問題を解くためには、平文を暗号化する関数と暗号文を復号する関数の2関数を実装しなければなりません。このあとで示すコードには次の2関数があります。

- caesar_encrypt()は、平文を表すstring_viewと置換する文字を何文字後ろに右シフトさせるかの値を引数に取る関数。この関数は大文字のみを置換し、平文内の他の文字種は変更しない。置換に使う文字列は循環し、右シフト3の場合、XはA、YはB、ZはCになる。
- caesar_decrypt()は、シーザー暗号文を表すstring_viewと暗号化で何文字後ろに右シフトしたかの値を引数に取る関数。暗号化関数と同様に、この復号関数は、大文字のみを扱い、他の文字はそのままにする。

```
std::string caesar_encrypt(std::string_view text, int const shift)
{
   std::string str;
   str.reserve(text.length());
   for (auto const & c : text)
   {
      if (isalpha(c) && isupper(c))
         str += 'A' + (c - 'A' + shift) % 26;
      else
         str += c;
   }

   return str;
}

std::string caesar_decrypt(std::string_view text, int const shift)
```

```
{
   std::string str;
   str.reserve(text.length());
   for (auto const & c : text)
   {
      if (isalpha(c) && isupper(c))
         str += 'A' + (26 + c - 'A' - shift) % 26;
      else
         str += c;
   }

   return str;
}
```

これらの関数の使用例を次に示します。暗号化される平文は英語のアルファベットすべてで、すべての可能なシフト値について暗号化/復号を行っています。

```
int main()
{
   auto text = "ABCDEFGHIJKLMNOPQRSTUVWXYZ";
   for (int i = 1; i <= 26; ++i)
   {
      auto enc = caesar_encrypt(text, i);
      auto dec = caesar_decrypt(enc, i);
      assert(text == dec);
   }
}
```

解答 89 ヴィジュネル暗号

ヴィジュネル暗号は、一連のからみ合ったシーザー暗号を組み合わせて使う暗号化技法です。1553年にGiovan Battista Ballasoがこれについて述べていますが、19世紀に誤ってBlaise de Vigenéreの発明とされ、結局その名前が残りました。この暗号の詳細はWikipediaのhttps://ja.wikipedia.org/wiki/ヴィジュネル暗号[*1]にあります。その概要だけを次に示します。

*1 訳注：英文https://en.wikipedia.org/wiki/Vigen%C3%A8re_cipherに本書のこの内容がある。日本語のWikipediaの内容とは少し異なる。

ヴィジュネル暗号は解読に3世紀かかりましたが、今日では、元になっているシーザー暗号同様に簡単に解読されてしまいます。前問同様、この問題は面白くて簡単な練習問題として取り上げており、実際に暗号として使うためのものではありません。

この技法は、**タブラレクタ**または**ヴィジュネル表**と呼ばれる表を使います。英語のアルファベットでは26行26列の表となり、各行はシーザー暗号を使って循環的にシフトしたアルファベットになっています。次の画像はWikipediaに載っていたもので、この表の内容を示します。

	A	B	C	D	E	F	G	H	I	J	K	L	M	N	O	P	Q	R	S	T	U	V	W	X	Y	Z
A	A	B	C	D	E	F	G	H	I	J	K	L	M	N	O	P	Q	R	S	T	U	V	W	X	Y	Z
B	B	C	D	E	F	G	H	I	J	K	L	M	N	O	P	Q	R	S	T	U	V	W	X	Y	Z	A
C	C	D	E	F	G	H	I	J	K	L	M	N	O	P	Q	R	S	T	U	V	W	X	Y	Z	A	B
D	D	E	F	G	H	I	J	K	L	M	N	O	P	Q	R	S	T	U	V	W	X	Y	Z	A	B	C
E	E	F	G	H	I	J	K	L	M	N	O	P	Q	R	S	T	U	V	W	X	Y	Z	A	B	C	D
F	F	G	H	I	J	K	L	M	N	O	P	Q	R	S	T	U	V	W	X	Y	Z	A	B	C	D	E
G	G	H	I	J	K	L	M	N	O	P	Q	R	S	T	U	V	W	X	Y	Z	A	B	C	D	E	F
H	H	I	J	K	L	M	N	O	P	Q	R	S	T	U	V	W	X	Y	Z	A	B	C	D	E	F	G
I	I	J	K	L	M	N	O	P	Q	R	S	T	U	V	W	X	Y	Z	A	B	C	D	E	F	G	H
J	J	K	L	M	N	O	P	Q	R	S	T	U	V	W	X	Y	Z	A	B	C	D	E	F	G	H	I
K	K	L	M	N	O	P	Q	R	S	T	U	V	W	X	Y	Z	A	B	C	D	E	F	G	H	I	J
L	L	M	N	O	P	Q	R	S	T	U	V	W	X	Y	Z	A	B	C	D	E	F	G	H	I	J	K
M	M	N	O	P	Q	R	S	T	U	V	W	X	Y	Z	A	B	C	D	E	F	G	H	I	J	K	L
N	N	O	P	Q	R	S	T	U	V	W	X	Y	Z	A	B	C	D	E	F	G	H	I	J	K	L	M
O	O	P	Q	R	S	T	U	V	W	X	Y	Z	A	B	C	D	E	F	G	H	I	J	K	L	M	N
P	P	Q	R	S	T	U	V	W	X	Y	Z	A	B	C	D	E	F	G	H	I	J	K	L	M	N	O
Q	Q	R	S	T	U	V	W	X	Y	Z	A	B	C	D	E	F	G	H	I	J	K	L	M	N	O	P
R	R	S	T	U	V	W	X	Y	Z	A	B	C	D	E	F	G	H	I	J	K	L	M	N	O	P	Q
S	S	T	U	V	W	X	Y	Z	A	B	C	D	E	F	G	H	I	J	K	L	M	N	O	P	Q	R
T	T	U	V	W	X	Y	Z	A	B	C	D	E	F	G	H	I	J	K	L	M	N	O	P	Q	R	S
U	U	V	W	X	Y	Z	A	B	C	D	E	F	G	H	I	J	K	L	M	N	O	P	Q	R	S	T
V	V	W	X	Y	Z	A	B	C	D	E	F	G	H	I	J	K	L	M	N	O	P	Q	R	S	T	U
W	W	X	Y	Z	A	B	C	D	E	F	G	H	I	J	K	L	M	N	O	P	Q	R	S	T	U	V
X	X	Y	Z	A	B	C	D	E	F	G	H	I	J	K	L	M	N	O	P	Q	R	S	T	U	V	W
Y	Y	Z	A	B	C	D	E	F	G	H	I	J	K	L	M	N	O	P	Q	R	S	T	U	V	W	X
Z	Z	A	B	C	D	E	F	G	H	I	J	K	L	M	N	O	P	Q	R	S	T	U	V	W	X	Y

暗号化と復号には、鍵が必要です。鍵は、暗号化または解読する復号テキストの長さがマッチするように書き出されます（両者の長さは同じです）。暗号化はまず平文の文字を見つけ、それを鍵の中で探し出し、表において、鍵の文字の行で、平文の文字の列との交点の文字を使って暗号化します。解読の復号では、鍵の文字の行で暗号文

字を見つけて、その列のラベルが元の平文の文字になります。

暗号を行う関数は、vigenere_encrypt()です。これは、平文と鍵を引数に取り、平文を上に示した方法で暗号化して、暗号文を返します。

```
std::string vigenere_encrypt(std::string_view text, std::string_view key)
{
   std::string result;
   result.reserve(text.length());
   static auto table = build_vigenere_table();

   for (size_t i = 0; i < text.length(); ++i)
   {
      auto row = key[i % key.length()] - 'A';
      auto col = text[i] - 'A';

      result += table[row * 26 + col];
   }

   return result;
}
```

それとペアになるのがvigenere_decrypt()です。これは、暗号文と暗号化に使われた鍵を引数に取り、上に示した方法で暗号文を解読して、結果として得られた平文を返します。

```
std::string vigenere_decrypt(std::string_view text, std::string_view key)
{
   std::string result;
   result.reserve(text.length());
   static auto table = build_vigenere_table();

   for (size_t i = 0; i < text.length(); ++i)
   {
      auto row = key[i % key.length()] - 'A';

      for (size_t col = 0; col < 26; ++col)
      {
         if (table[row * 26 + col] == text[i])
         {
            result += 'A' + col;
            break;
         }
      }
   }
```

```
    return result;
}
```

どちらの関数も第3の関数build_vigenere_table()を使います。それは新たなシフト値でアルファベット全体を26回シーザー暗号化してヴィジュネル表を作ります。できた表は1つの文字列で表されます。

```
std::string build_vigenere_table()
{
    std::string table;
    table.reserve(26 * 26);
    for (int i = 0; i < 26; ++i)
        table += caesar_encrypt("ABCDEFGHIJKLMNOPQRSTUVWXYZ", i);

    return table;
}
```

この暗号化および復号関数は次のように使えます。

```
int main()
{
    auto text = "THECPPCHALLENGER";
    auto enc = vigenere_encrypt(text, "SAMPLE");
    auto dec = vigenere_decrypt(enc, "SAMPLE");
    assert(text == dec);
}
```

解答 90 base64符号化と復号

base64は、64文字のアルファベットを使い、ASCIIフォーマットでバイナリデータを表す符号体系です。どの実装でも最初の62文字（A-Z, a-z, 0-9）は同じですが、残りの2文字は実装ごとに異なります。MIME仕様では記号+と/が使われます。base64の数字は6ビットデータを表すので、4つのbase64数字で3バイト（1バイトは8ビットだから）のバイナリデータを表せます。バイナリデータの桁数が3の倍数でない場合、値0のバイトを前に付けて3の倍数にしてから、base64に符号化します。符号化テキストに==または=が付いているのは、平文の最後の3バイトが実際には1または2バイトしかなかったことを示します。

cppというテキストの符号化例を次に示します。符号化した結果はY3Bwです。

ASCIIソース	cpp
16進ソース	0x63 0x70 0x70
ソースのバイナリ	01100011 01110000 01110000
base64バイナリ	011000 110111 000001 110000
base64の10進表記	24 55 1 48
base64符号	Y3Bw

アルゴリズムの詳細は、Wikipediaのhttps://en.wikipedia.org/wiki/Base64にあります。https://www.base64encode.org/にあるようなオンラインエンコーダを使って、自分のbase64符号化または復号が正しいかどうか検証できます。

次に示すencodedクラスには、2つのpublicメソッドがあります。to_base64()は、バイトのベクトルをbase64符号化し、from_base64()は、base64符号化文字列をバイトのベクトルに復号して返します。符号化と復号にそれぞれ別の表が使われます。符号化に使う表は変数table_encで、実際はbase64文字列です。復号に使う表はtable_decで256個の整数の配列からなり、base64の6ビットの数の符号化表（table_enc）のインデックスを示します。

```
class encoder
{
   std::string const table_enc =
"ABCDEFGHIJKLMNOPQRSTUVWXYZabcdefghijklmnopqrstuvwxyz0123456789+/";
   char const padding_symbol = '=';

   char const table_dec[256] =
   {
      -1,-1,-1,-1,-1,-1,-1,-1,-1,-1,64,-1,-1,-1,-1,-1,
      -1,-1,-1,-1,-1,-1,-1,-1,-1,-1,-1,-1,-1,-1,-1,-1,
      -1,-1,-1,-1,-1,-1,-1,-1,-1,-1,-1,62,-1,-1,-1,63,
      52,53,54,55,56,57,58,59,60,61,-1,-1,-1,65,-1,-1,
      -1, 0, 1, 2, 3, 4, 5, 6, 7, 8, 9,10,11,12,13,14,
      15,16,17,18,19,20,21,22,23,24,25,-1,-1,-1,-1,-1,
      -1,26,27,28,29,30,31,32,33,34,35,36,37,38,39,40,
      41,42,43,44,45,46,47,48,49,50,51,-1,-1,-1,-1,-1,
      -1,-1,-1,-1,-1,-1,-1,-1,-1,-1,-1,-1,-1,-1,-1,-1,
      -1,-1,-1,-1,-1,-1,-1,-1,-1,-1,-1,-1,-1,-1,-1,-1,
```

```
      -1,-1,-1,-1,-1,-1,-1,-1,-1,-1,-1,-1,-1,-1,-1,-1,
      -1,-1,-1,-1,-1,-1,-1,-1,-1,-1,-1,-1,-1,-1,-1,-1,
      -1,-1,-1,-1,-1,-1,-1,-1,-1,-1,-1,-1,-1,-1,-1,-1,
      -1,-1,-1,-1,-1,-1,-1,-1,-1,-1,-1,-1,-1,-1,-1,-1,
      -1,-1,-1,-1,-1,-1,-1,-1,-1,-1,-1,-1,-1,-1,-1,-1,
      -1,-1,-1,-1,-1,-1,-1,-1,-1,-1,-1,-1,-1,-1,-1,-1
   };
   char const invalid_char = -1;
   char const padding_char = 65;
public:
   std::string to_base64(std::vector<unsigned char> const & data);
   std::vector<unsigned char> from_base64(std::string data);
};
```

to_base64()メソッドは次のように実装されます。この関数では、元の平文データの長さに応じて、符号化した文字列の後ろに==または=を追加します。

```
std::string encoder::to_base64(std::vector<unsigned char> const & data)
{
   std::string result;
   result.resize((data.size() / 3 + ((data.size() % 3 > 0) ? 1 : 0)) * 4);
   auto result_ptr = &result[0];
   size_t i = 0;
   size_t j = 0;
   while (j++ < data.size() / 3)
   {
      unsigned int value = (data[i] << 16) | (data[i + 1] << 8) | data[i + 2];
      i += 3;
      *result_ptr++ = table_enc[(value & 0x00fc0000) >> 18];
      *result_ptr++ = table_enc[(value & 0x0003f000) >> 12];
      *result_ptr++ = table_enc[(value & 0x00000fc0) >> 6];
      *result_ptr++ = table_enc[(value & 0x0000003f)];
   };
   auto rest = data.size() - i;
   if (rest == 1)
   {
      *result_ptr++ = table_enc[(data[i] & 0x000000fc) >> 2];
      *result_ptr++ = table_enc[(data[i] & 0x00000003) << 4];
      *result_ptr++ = padding_symbol;
      *result_ptr++ = padding_symbol;
   }
   else if (rest == 2)
   {
      unsigned int value = (data[i] << 8) | data[i + 1];
```

```
        *result_ptr++ = table_enc[(value & 0x0000fc00) >> 10];
        *result_ptr++ = table_enc[(value & 0x000003f0) >> 4];
        *result_ptr++ = table_enc[(value & 0x0000000f) << 2];
        *result_ptr++ = padding_symbol;
    }
    return result;
}
```

from_base64()メソッドを次に示します。この関数は、パディングバイトのある文字列もない文字列も両方復号できます。

```
std::vector<unsigned char> encoder::from_base64(std::string data)
{
    size_t padding = data.size() % 4;
    if (padding == 0)
    {
        if (data[data.size() - 1] == padding_symbol) padding++;
        if (data[data.size() - 2] == padding_symbol) padding++;
    }
    else
    {
        data.append(2, padding_symbol);
    }

    std::vector<unsigned char> result;
    result.resize((data.length() / 4) * 3 - padding);
    auto result_ptr = &result[0];

    size_t i = 0;
    size_t j = 0;
    while (j++ < data.size() / 4)
    {
        unsigned char c1 = table_dec[static_cast<int>(data[i++])];
        unsigned char c2 = table_dec[static_cast<int>(data[i++])];
        unsigned char c3 = table_dec[static_cast<int>(data[i++])];
        unsigned char c4 = table_dec[static_cast<int>(data[i++])];
        if (c1 == invalid_char || c2 == invalid_char ||
            c3 == invalid_char || c4 == invalid_char)
            throw std::runtime_error("invalid base64 encoding");

        if (c4 == padding_char && c3 == padding_char)
        {
            unsigned int value = (c1 << 6) | c2;
            *result_ptr++ = (value >> 4) & 0x000000ff;
        }
```

```
      else if (c4 == padding_char)
      {
         unsigned int value = (c1 << 12) | (c2 << 6) | c3;
         *result_ptr++ = (value >> 10) & 0x000000ff;
         *result_ptr++ = (value >> 2) & 0x000000ff;
      }
      else
      {
         unsigned int value = (c1 << 18) | (c2 << 12) | (c3 << 6) | c4;
         *result_ptr++ = (value >> 16) & 0x000000ff;
         *result_ptr++ = (value >> 8) & 0x000000ff;
         *result_ptr++ = value & 0x000000ff;
      }
   }

   return result;
}
```

encoderクラスがバイナリデータをbase64符号化して、base64文字列をバイナリデータに復号するために、文字列をバイト列に変換したり、逆にバイト列を文字列にするヘルパークラスが用意されています。次に示すconverterというクラスには、2つの静的メソッドがあります。from_string()というメソッドは、string_viewを取り、その文字列の内容を持つバイトのstd::vectorを返します。from_range()というメソッドは、バイトのstd::vectorから文字列を作ります。

```
struct converter
{
   static std::vector<unsigned char> from_string(std::string_view data)
   {
      std::vector<unsigned char> result;

      std::copy(std::cbegin(data), std::cend(data),
                std::back_inserter(result));

      return result;
   }
   static std::string from_range(std::vector<unsigned char> const & data)
   {
      std::string result;

      std::copy(std::cbegin(data), std::cend(data),
                std::back_inserter(result));
```

```
      return result;
   }
};
```

encoderクラスとconverterクラスは、次のコード例に示すように、さまざまな長さのbase64データの符号化と復号に使うことができます。符号化テキストを復号して元のテキストに一致するか検証します。

```
int main()
{
   std::vector<std::vector<unsigned char>> const data
   {
            { 's' },
          { 's','a' },
        { 's','a','m' },
      { 's','a','m','p' },
    { 's','a','m','p','l' },
  { 's','a','m','p','l','e' },
   };

   encoder enc;

   for (auto const & v : data)
   {
      auto encv = enc.to_base64(v);
      auto decv = enc.from_base64(encv);
      assert(v == decv);
   }
   auto text = "cppchallenge";
   auto textenc = enc.to_base64(converter::from_string(text));
   auto textdec = converter::from_range(enc.from_base64(textenc));
   assert(text == textdec);
}
```

ここで示したbase64符号化と復号の実装は完全ですが、性能が最も優れているわけではありません。私がテストした限り、性能はBoost.Beastの実装例と似たようなものです。私は、これを実際の製品コードに使うことを推薦するわけではありません。むしろ、より徹底的にテストされて広く使われているBoost.BeastやCrypto++など他のライブラリを使うほうがよいでしょう。

解答 91 ユーザの資格情報を検証する

暗号処理のための無料でクロスプラットフォームのC++ライブラリでは、Crypto++を選ぶのがよいでしょう。このライブラリは、暗号機能に関して現場で検証済みの実装であることから、商用および非商用プロジェクトだけでなく、学術的、学生用プロジェクトでも広く使われています。このライブラリには、AES、AESの候補、他のブロック暗号、メッセージ認証コード、ハッシュ関数、公開鍵暗号、さらに、擬似乱数発生器、素数の生成および検証、DEFLATE圧縮/解凍、符号化スキーマ、チェックサム関数など暗号処理以外の機能も揃っています。このライブラリはhttps://www.cryptopp.com/から入手できて、本章の暗号化問題を解くのに使うことができます。

ライブラリのダウンロードでは、ライブラリの構成によって対象プロジェクトが異なることに気付きます。静的なライブラリを生成するcryptolibを選ぶのがよいでしょう。動的ライブラリのcryptodllは、FIPS 140-2 Level 1適合性がNISTとCSEで検証済みです。FIPS 140-2は暗号化モジュールの要件を規定している米国政府のコンピュータセキュリティ標準です。このコンプライアンスに従うために、cryptodllは、DESやMD5を含めて要件を満たさないものを一切含みません。

この問題を解くために、ユーザのデータベースを管理するシステムをモデル化します。ユーザには、数値識別子、ユーザ名、パスワードのハッシュ値、オプションとして姓と名前があります。この目的のためにuserという次のクラスが使われます。

```
struct user
{
   int         id;
   std::string username;
   std::string password;
   std::string firstname;
   std::string lastname;
};
```

パスワードのハッシュ値計算はget_hash()関数で行われます。この関数はパスワード（実はどんなテキストでも構わない）を表すstring_viewを取って、SHA512ハッシュ値を返します。Crypto++には、SHA-1、SHA-2（SHA-224、SHA-256、SHA-384、SHA-512）、SHA-3、Tiger、WHIRLPOOL、RIPEMD-128、RIPEMD-256、RIPEMD-160、

RIPEMD-320をはじめ多数のハッシュ関数があり、すべてCryptoPP名前空間ですが、静的ライブラリを使っているなら（CryptoPP::Weak名前空間の）MD5もあります。これらのハッシュはすべてHashTransformationを継承しており、交換可能です。ハッシュ計算には次を行う必要があります。

- SHA512のようなHashTransformationを継承したオブジェクトを用意する。
- ハッシュ結果を取得するのに十分な大きさのバイト配列を用意する。
- 出力バッファ、変換テキスト、その長さを渡したCalculateDigest()を呼び出す。

元のテキストをハッシュした結果はバイナリ形式となります。これはHexEncoderクラスを使用して16進の人間に読みやすい数値列に符号化されます。StringSinkやFileSinkのようなシンクを接続して出力を蓄積することもできます。

Crypto++ライブラリでは、パイプラインという概念を使ってソースからシンクへのデータを流します。このフローでは、データがシンクへ辿り着く前にフィルタで変換することもできます。パイプライン内のオブジェクトは、渡されたオブジェクトの所有権を受け取って、自分が破壊されるときに渡されたオブジェクトを自動的に破壊します。次はライブラリドキュメントの一部を引用したものです。「AのコンストラクタがオブジェクトBのポインタを受け取ると（intやcharのようなプリミティブ型の場合を除き）、AはBの所有権を取り、Aの破壊時にBを削除する。もしAのコンストラクタがオブジェクトBの参照を受け取るなら、呼び出し元がBの所有権を保持して、Aがそれを必要としなくなるまでは破棄すべきではない。」

次はget_hash()関数の実装です。

```
std::string get_hash(std::string const & password)
{
   CryptoPP::SHA512 sha;
   CryptoPP::byte digest[CryptoPP::SHA512::DIGESTSIZE];

   sha.CalculateDigest(digest,
                       reinterpret_cast<CryptoPP::byte const*>(password.c_str()),
                       password.length());

   CryptoPP::HexEncoder encoder;
```

```
    std::string result;

    encoder.Attach(new CryptoPP::StringSink(result));
    encoder.Put(digest, sizeof(digest));
    encoder.MessageEnd();

    return result;
}
```

次のプログラムではuserクラスとget_hash()関数を使って、ログインシステムをモデル化しています。usersは名前の通りuserのリストです。このリストはハードコードしていますが、データベースから読み込むこともできます。ユーザをSQLiteデータベースに格納し、そこから取得するのは練習問題とします。ユーザがユーザ名とパスワードを入力すると、パスワードのSHA512ハッシュ値を計算し、ユーザのリストの中から、ユーザ名とパスワードのハッシュ値にマッチしているかチェックし、結果に応じてメッセージを表示します。

```
int main()
{
    std::vector<user> const users
    {
        {
            101, "scarface",
"07A8D53ADAB635ADDF39BAEACFB799FD7C5BFDEE365F3AA721B7E25B54A4E87D419ADDEA34
BC3073BAC472DCF4657E50C0F6781DDD8FE883653D10F7930E78FF",
            "Tony", "Montana"
        },
        {
            202, "neo",
"C2CC277BCC10888ECEE90F0F09EE9666199C2699922EFB41EA7E88067B2C075F3DD3FBF3CF
E9D0EC6173668DD83C111342F91E941A2CADC46A3A814848AA9B05",
            "Thomas", "Anderson"
        },
        {
            303, "godfather",
"0EA7A0306FE00CD22DF1B835796EC32ACC702208E0B052B15F9393BCCF5EE9ECD8BAAF2784
0D4D3E6BCC3BB3B009259F6F73CC77480C065DDE67CD9BEA14AA4D",
            "Vito", "Corleone"
        }
    };
    std::string username, password;
    std::cout << "Username: ";
    std::cin >> username;
```

```
   std::cout << "Password: ";
   std::cin >> password;

   auto hash = get_hash(password);

   auto pos = std::find_if(
      std::cbegin(users), std::cend(users),
      [username, hash](user const & u) { return u.username == username &&
                                         u.password == hash; });

   if (pos != std::cend(users))
      std::cout << "Login successful!" << std::endl;
   else
      std::cout << "Invalid username or password" << std::endl;
}
```

解答 92 ファイルのハッシュを計算する

ファイルハッシュは、ファイルをWebからダウンロードする場合などで、ファイルのコンテンツの真正性を保証するために使われます。SHA1とMD5ハッシュ関数の実装はさまざまなライブラリにありますが、ここではCrypto++ライブラリを再度使います。前問の「ユーザの資格情報を検証する」をまだ解いていないなら、解いてからこの解答を読んでください。前問で述べたCrypto++ライブラリの一般的な説明は、ここでは繰り返しません。

Crypto++ライブラリを使ったファイルのハッシュ計算は比較的簡単です。あとで示すコードでは次のようなコンポーネントを使います。

- FileSourceはBufferTransformationを使ってファイルからデータを読み込む。デフォルトでは、4096バイトのチャンク、すなわちブロックにしてデータがポンピング入力されるが、このポンピング入力を手動にすることも可能。ここで使うコンストラクタは、入力ファイルパス、全データをポンピング入力するかどうかのbool値、BufferTransformationオブジェクトを引数に取る。
- HashFilterは指定されたハッシュアルゴリズムを使い、最初のMessageEndシグナルがあるまですべての入力データのハッシュを計算し、結果のハッシュ値を付加されている変換器に出力する。
- HexEncoderは文字列"0123456789ABCDEF"を使い、バイト列を16進表記の数にエンコードする。

- StringSinkはパイプライン内の文字列データの出力先を表し、データが格納される文字列オブジェクトの参照を引数に取る。

BufferedTransformationは、Crypto++でデータフローの基本単位です。BlockTransformation, StreamTransformation, HashTransformationを継承しています。BufferedTransformationはバイトストリームを入力として取り（ステージ別にもできる）、演算を実行して、結果をあとで処理できるように内部バッファに置くオブジェクトです。既に出力バッファにあるデータはその後の入力の影響を受けません。BufferedTransformationを継承したオブジェクトは、データがソースからシンクへ流れるパイプライン処理に参加できます。

```
namespace fs = std::filesystem;
template <class Hash>
std::string compute_hash(fs::path const & filepath)
{
   std::string digest;
   Hash hash;

   CryptoPP::FileSource source(
      filepath.c_str(),
      true,
      new CryptoPP::HashFilter(hash,
         new CryptoPP::HexEncoder(
            new CryptoPP::StringSink(digest))));

   return digest;
}
```

前問のコードにある関数テンプレートcompute_hash()は、次のようにさまざまなハッシュ値の計算に使えます。

```
int main()
{
   std::string path;
   std::cout << "Path: ";
   std::cin >> path;

   try
```

```
    {
        std::cout << "SHA1: "
                  << compute_hash<CryptoPP::SHA1>(path) << std::endl;
        std::cout << "SHA256: "
                  << compute_hash<CryptoPP::SHA256>(path) << std::endl;
        std::cout << "MD5: "
                  << compute_hash<CryptoPP::Weak::MD5>(path) << std::endl;
    }
    catch (std::exception const & ex)
    {
        std::cerr << ex.what() << std::endl;
    }
}
```

MD5は今は時代遅れとなり安全ではないので、下位互換性のためだけに提供されていることに注意することが重要です。実際に使う場合には、次のようにmd5.hヘッダをインクルードする前にCRYPTOPP_ENABLE_NAMESPACE_WEAKマクロを定義する必要があります。

```
#define CRYPTOPP_ENABLE_NAMESPACE_WEAK 1
#include "md5.h"
```

解答 93 ファイルの暗号化と復号

Crypto++ライブラリを使ってこの問題を解くには、次のようなコンポーネントを使う必要があります。

- FileSourceではBufferedTransformationを使ってファイルからデータを読み込むことができる。デフォルトでは、4096バイトのチャンクすなわちブロックでデータがポンピング入力されるが、このポンピング入力は手動にすることも可能。
- FileSinkは、BufferedTransformationを使ってデータをファイルに書き出せる。FileSourceソースオブジェクトとセットで使われるシンクオブジェクトである。
- DefaultEncryptorWithMACとDefaultDecryptorWithMACは改ざんを検知する認証タグで文字列とファイルを暗号化し復号する。AESをデフォルトのブロック暗号として使用し、SHA256をMACのデフォルトハッシュとして使う。この2つのクラスを使った実行はソルトが時間によって変化するので実行するごとに結果が異なる。

暗号化と復号にはそれぞれ次の2つのオーバーロードがあります。

- 1つのオーバーロードはソースファイルパス、出力ファイルパス、パスワードを取る。これはソースファイルを暗号化または復号して、結果を出力ファイルに書き出す。
- もう一方のオーバーロードはファイルパスとパスワードを取る。これはファイルを暗号化または復号して、一時ファイルに結果を書いて、元のファイルを削除し、一時ファイルを元のファイルのパス名にする。この実装は、1つ目のオーバーロードを利用している。

ファイルを暗号化する関数を次に示します。

```
namespace fs = std::filesystem;
void encrypt_file(fs::path const & sourcefile,
                  fs::path const & destfile,
                  std::string const & password)
{
   CryptoPP::FileSource source(
      sourcefile.c_str(),
      true,
      new CryptoPP::DefaultEncryptorWithMAC(
          (CryptoPP::byte*)password.c_str(), password.size(),
            new CryptoPP::FileSink(destfile.c_str())
         )
      );
}

void encrypt_file(fs::path const & filepath,
                  std::string const & password)
{
   auto temppath = fs::temp_directory_path() / filepath.filename();

   encrypt_file(filepath, temppath, password);

   fs::remove(filepath);
   fs::rename(temppath, filepath);
}
```

復号する関数は基本的に同じですが、バッファ変換でDefaultEncryptorWithMACを使う代わりにDefaultDecryptorWithMACを使います。前に述べた2つのオーバーロードは次のようになります。

```
void decrypt_file(fs::path const & sourcefile,
                  fs::path const & destfile,
                  std::string const & password)
{
   CryptoPP::FileSource source(
      sourcefile.c_str(),
      true,
      new CryptoPP::DefaultDecryptorWithMAC(
         (CryptoPP::byte*)password.c_str(), password.size(),
            new CryptoPP::FileSink(destfile.c_str())
         )
      );
}
void decrypt_file(fs::path const & filepath,
                  std::string const & password)
{
   auto temppath = fs::temp_directory_path() / filepath.filename();

   decrypt_file(filepath, temppath, password);

   fs::remove(filepath);
   fs::rename(temppath, filepath);
}
```

これらの関数は次のように使います。

```
int main()
{
   encrypt_file("sample.txt", "sample.txt.enc", "cppchallenger");
   decrypt_file("sample.txt.enc", "sample.txt.dec", "cppchallenger");

   encrypt_file("sample.txt", "cppchallenger");
   decrypt_file("sample.txt", "cppchallenger");
}
```

解答 94 ファイル署名

署名と検証というプロセスは、暗号化と復号に似ていますが、基本的なところで次のような違いがあります。暗号化は公開鍵で、復号は秘密鍵で行われますが、署名は秘密鍵で、検証は公開鍵で行われることです。署名を使うことで、公開鍵を持つ受信者がファイルが改ざんされていないことを署名とそれに対応する公開鍵で検証できるのです。公開鍵だけでは、ファイルを変更して再度署名することができません。

Crypto++ライブラリを使って、この問題を解決することができます。

RSA鍵のどのような公開鍵秘密鍵のペアでも署名とその検証ができますが、ここで示す実装では、プログラム開始時にランダムに鍵を生成します。明らかに、実際上は、鍵の生成は署名と検証とは独立に行えるもので、署名と検証のたびに行う必要はありません。次のコードの末尾に示すgenerate_keys()関数は、3,072ビットのRSA公開鍵秘密鍵のペアを生成します。そのために次に示すいくつかのヘルパー関数が使われます。

```
namespace fs = std::filesystem;
void encode(fs::path const & filepath,
            CryptoPP::BufferedTransformation const & bt)
{
   CryptoPP::FileSink file(filepath.c_str());
   bt.CopyTo(file);
   file.MessageEnd();
}

void encode_private_key(fs::path const & filepath,
                        CryptoPP::RSA::PrivateKey const & key)
{
   CryptoPP::ByteQueue queue;
   key.DEREncodePrivateKey(queue);
   encode(filepath, queue);
}

void encode_public_key(fs::path const & filepath,
                       CryptoPP::RSA::PublicKey const & key)
{
   CryptoPP::ByteQueue queue;
   key.DEREncodePublicKey(queue);
   encode(filepath, queue);
}

void decode(fs::path const & filepath,
            CryptoPP::BufferedTransformation& bt)
{
   CryptoPP::FileSource file(filepath.c_str(), true);
   file.TransferTo(bt);
   bt.MessageEnd();
}

void decode_private_key(fs::path const & filepath,
                        CryptoPP::RSA::PrivateKey& key)
{
```

```
   CryptoPP::ByteQueue queue;
   decode(filepath, queue);
   key.BERDecodePrivateKey(queue, false, queue.MaxRetrievable());
}

void decode_public_key(fs::path const & filepath,
                       CryptoPP::RSA::PublicKey& key)
{
   CryptoPP::ByteQueue queue;
   decode(filepath, queue);
   key.BERDecodePublicKey(queue, false, queue.MaxRetrievable());
}

void generate_keys(fs::path const & privateKeyPath,
                   fs::path const & publicKeyPath,
                   CryptoPP::RandomNumberGenerator& rng)
{
   try
   {
      CryptoPP::RSA::PrivateKey rsaPrivate;
      rsaPrivate.GenerateRandomWithKeySize(rng, 3072);

      CryptoPP::RSA::PublicKey rsaPublic(rsaPrivate);

      encode_private_key(privateKeyPath, rsaPrivate);
      encode_public_key(publicKeyPath, rsaPublic);
   }
   catch (CryptoPP::Exception const & e)
   {
      std::cerr << e.what() << std::endl;
   }
}
```

署名を行うには、FileSourceで始まりSignerFilterが含まれていてFileSinkで終わるパイプラインを使います。それはメッセージから署名を作ります。ソースデータの変換には、RSASSA_PKCS1v15_SHA_Signerという署名関数を使います。

```
void rsa_sign_file(fs::path const & filepath,
                   fs::path const & privateKeyPath,
                   fs::path const & signaturePath,
                   CryptoPP::RandomNumberGenerator& rng)
{
   CryptoPP::RSA::PrivateKey privateKey;
   decode_private_key(privateKeyPath, privateKey);
```

```
    CryptoPP::RSASSA_PKCS1v15_SHA_Signer signer(privateKey);

    CryptoPP::FileSource fileSource(
       filepath.c_str(),
       true,
       new CryptoPP::SignerFilter(
          rng,
          signer,
          new CryptoPP::FileSink(
             signaturePath.c_str())));
}
```

検証という逆向きのプロセスも同じように実装されます。この場合に使うのはSignerFilterとペアになるSignatureVerificationFilterというフィルタです。RSASSA_PKCS1v15_SHA_Signerとペアになる検証器はRSASSA_PKCS1v15_SHA_Verifierです。

```
bool rsa_verify_file(fs::path const & filepath,
                     fs::path const & publicKeyPath,
                     fs::path const & signaturePath)
{
   CryptoPP::RSA::PublicKey publicKey;
   decode_public_key(publicKeyPath.c_str(), publicKey);

   CryptoPP::RSASSA_PKCS1v15_SHA_Verifier verifier(publicKey);

   CryptoPP::FileSource signatureFile(signaturePath.c_str(), true);

   if (signatureFile.MaxRetrievable() != verifier.SignatureLength())
      return false;

   CryptoPP::SecByteBlock signature(verifier.SignatureLength());
   signatureFile.Get(signature, signature.size());

   auto* verifierFilter = new CryptoPP::SignatureVerificationFilter(verifier);
   verifierFilter->Put(signature, verifier.SignatureLength());

   CryptoPP::FileSource fileSource(filepath.c_str(), true, verifierFilter);

   return verifierFilter->GetLastResult();
}
```

次のプログラムは、RSA公開鍵と秘密鍵のペアを生成し、rsa_sign_file()関数を使い秘密鍵でファイルに署名をしたあと、対となるrsa_verify_file()関数を使い公開鍵と署名したファイルでファイルを検証します。

```
int main()
{
   CryptoPP::AutoSeededRandomPool rng;

   generate_keys("rsa-private.key", "rsa-public.key", rng);

   rsa_sign_file("sample.txt", "rsa-private.key", "sample.sign", rng);

   auto success = rsa_verify_file("sample.txt", "rsa-public.key", "sample.sign");

   assert(success);
}
```

12章 ネットワークとサービス

問題

ホストのIPアドレスを調べる

ホストのIPv4アドレスを取得して出力する関数を書きなさい。複数のアドレスが見つかったらすべて出力しなさい。プログラムはあらゆるプラットフォームで動くようにしなさい。

問題96 クライアント・サーバFizz-Buzz

Fizz-Buzzゲームをプレイするのに使えるクライアント・サーバアプリケーションを書きなさい。クライアントはサーバに数を送り、サーバはそれに対してゲームのルールに従ってfizz, buzz, fizz-buzzまたは数そのものを返します。クライアントとサーバの間の通信はTCPで行われなければなりません。サーバは永久に実行を続けます。クライアントは、ユーザが1から99の間の数を入力している間は実行を続けます。

Fizz-Buzzは子ども用のゲームで、割り算を教えることを目的としています。1人が数を言うと、相手は次のルールに従って答えます。

- 3で割り切れるならFizz
- 5で割り切れるならBuzz
- 3と5の両方で割り切れるならFizz-Buzz
- それ以外は数そのまま

問題97 ビットコインの交換レート

主要通貨（USD、EU、GBPなど）とビットコインの交換レートを表示するプログラムを書きなさい。交換レートは、https://blockchain.infoなどのオンラインサービスを使って取得します。

問題98 IMAPを使って電子メールを取得

IMAPを使って電子メールサーバから情報を取得するプログラムを書きなさい。このプログラムは次のようなことができるようにしなさい。

- メールボックスからフォルダのリストを取得する
- 特定のフォルダから未読メールを取得する

問題99 テキストを任意の指定された言語に翻訳する

オンラインサービスを使ってテキストをある言語から別の言語に翻訳するプログラムを書きなさい。翻訳しようとするテキスト、テキストの言語、およびどの言語に翻訳したいかを指定できるようにしなさい。

問題100 画像内にある顔を検出する

画像からある人の顔を識別できるプログラムを書きなさい。最低でも、人の顔の領域と性別を検出する必要があります。情報はコンソールに出力します。画像はディスクファイルからロードします。

解答

解答95 ホストのIPアドレスを調べる

IPv4アドレスを含むホスト情報は、`gethostbyname()`などのシステムに特有のネットワークユーティリティで取得できます。このようなユーティリティは全プラットフォームにありますが、その使われ方は異なります。要件は全プラットフォームで動くようにプログラムを書くことです。POCOやAsio/Boost.Asioなどネットワーク用のオープンソースのクロスプラットフォームライブラリがあります。POCOはネットワーク処理だけでなく、データアクセスや暗号化、XML、JSON、Zipなどの機能がある、より複雑なライブラリです。Asioはスタンドアロンのヘッダだけでできているライブラリで、ネットワークプログラミングのための一貫した非同期I/Oモデルを使っています。これはBoostライブラリの一部としても利用でき、標準化提案が審議中です。本書では、ヘッダだけで外部依存性がなく使いやすいため、スタンドアロンのAsioを用います。

スタンドアロンのAsioライブラリは、https://think-async.com/にありますが、最新版は、https://github.com/chriskohlhoff/asio/のGitHubにしかないようです。使うには、クローンを作るかリポジトリをダウンロードして解凍し、asio.hppヘッダをソースにインクルードするだけで済みます。Boostに依存したくない場合には、ライブラリヘッダをインクルードする前に、マクロASIO_STANDALONEを定義するのを忘れないようにしましょう。

このあとのコードにあるget_ip_address()関数は、ホスト名を引数にとって、そのホスト名のIPv4アドレスを示す文字列のリストを返します。これを行うのに、いくつかのAsioのコンポーネントを使います。

- asio::io_contextは、非同期I/OオブジェクトのコアI/O機能を提供する。
- asio::ip::tcp::resolverは、クエリをエンドポイントのリストに解決する機能がある。そのメンバ関数resolve()は、ホストとサービス名をエンドポイントのリストに解決するのに使用される。さまざまなオーバーロードがあるが、ここで使うのはプロトコル（この場合はIPv4だがIPv6も使える）、ホスト識別子（ホスト名または文字列の数値アドレス）、サービス識別子（ポート番号でもよい）を引数に取る。この関数は成功すればエンドポイントのリストを返し、そうでないと例外を投げる。
- asio::ip::tcp::endpointは、TCPソケットに対応するエンドポイントを表す。

get_ip_address()は次のように実装されます。

```
#define ASIO_STANDALONE
#include "asio.hpp"

std::vector<std::string> get_ip_address(std::string const & hostname)
```

```
{
   std::vector<std::string> ips;

   try
   {
      asio::io_context context;
      asio::ip::tcp::resolver resolver(context);
      auto endpoints = resolver.resolve(asio::ip::tcp::v4(), hostname.c_str(), "");

      for (auto const & e : endpoints)
         ips.push_back(e.endpoint().address().to_string());
   }
   catch (std::exception const & e)
   {
      std::cerr << "exception: " << e.what() << std::endl;
   }

   return ips;
}
```

この関数は次のように使われます。

```
int main()
{
   auto ips = get_ip_address("packtpub.com");
   for (auto const & ip : ips)
      std::cout << ip << std::endl;
}
```

解答 96 クライアント・サーバFizz-Buzz

この問題を解くためには、Asioライブラリを再び使います。しかし今回はサーバとクライアント、2つのプログラムを書く必要があります。サーバは、指定されたポートのTCPコネクションをアクセプトして、接続されたソケットを開き、ソケットの読み取りを開始します。ソケットから何か読み込むと、Fizz-Buzzゲーム用の数値として解釈し、応答を返し、次の入力を待ちます。クライアントは、ホストの指定されたポートに接続し、コンソールから読み込んだ数値を送り、サーバから応答が返るのを待ち、応答をコンソールに出力します。

サーバ側では、Fizz-Buzzゲームの実装はかなり簡単で、追加の説明は必要ないでしょう。次のコードに示す`fizzbuzz()`関数は、数値を引数に取り文字列を返します。

```
std::string fizzbuzz(int const number)
{
   if (number != 0)
   {
      auto m3 = number % 3;
      auto m5 = number % 5;
      if (m3 == 0 && m5 == 0) return "fizzbuzz";
      else if (m5 == 0) return "buzz";
      else if (m3 == 0) return "fizz";
   }

   return std::to_string(number);
}
```

サーバ側は2つの主要コンポーネントが実装されています。1つ目のコンポーネントはsessionと言います。目的は接続されたソケットからの読み書きです。これはasio::ip::tcp::socketオブジェクトで作られ、async_read_some()とasync_write_some()メソッドを使ってデータを読み書きします。名前からわかるように、これらは非同期操作であり、完了するとハンドラが呼び出されます。ソケットからの読み込みが成功すると、受信した数値から求めたfizzbuzz()関数の結果を書き出します。ソケットへの書き込みが成功すると、再び読み込みを開始します。sessionクラスの実装は次のようになります。

```
#define ASIO_STANDALONE
#include "asio.hpp"

class session : public std::enable_shared_from_this<session>
{
public:
   explicit session(asio::ip::tcp::socket socket)
      : tcp_socket(std::move(socket)) {}

   void start()
   {
      read();
   }

private:
   void read()
   {
      auto self(shared_from_this());
      tcp_socket.async_read_some(
```

```
            asio::buffer(data, data.size()),
            [this, self](std::error_code const ec, std::size_t const length){
               if (!ec)
               {
                  auto number = std::string(data.data(), length);
                  auto result = fizzbuzz(std::atoi(number.c_str()));
                  std::cout << number << " -> " << result << std::endl;
                  write(result);
               }
            });
      }
      void write(std::string_view response)
      {
         auto self(shared_from_this());
         tcp_socket.async_write_some(
            asio::buffer(response.data(), response.length()),
            [this, self](std::error_code const ec, std::size_t const) {
               if (!ec)
                  read();
         });
      }
      std::array<char, 1024> data;
      asio::ip::tcp::socket tcp_socket;
   };
```

私たちが書くもう1つのコンポーネントはコネクションの着信をアクセプトするために使用されます。それはserverと呼ばれ、ローカルホストの指定ポートへの新しいコネクションをアクセプトするために、asio::ip::tcp::acceptorを使います。新しいソケットを開くのに成功すると、ソケットからsessionオブジェクトを作り、クライアントからデータの読み込みを開始するためにそのstart()メソッドを呼び出します。serverクラスを次に示します。

```
class server
{
public:
   server(asio::io_context& context, short const port)
      : tcp_acceptor(context,
                     asio::ip::tcp::endpoint(asio::ip::tcp::v4(), port))
      , tcp_socket(context)
   {
      std::cout << "server running on port " << port << std::endl;
      accept();
   }
```

```
private:
   void accept()
   {
      tcp_acceptor.async_accept(tcp_socket, [this](std::error_code ec)
      {
         if (!ec)
            std::make_shared<session>(std::move(tcp_socket))->start();
         accept();
      });
   }

   asio::ip::tcp::acceptor tcp_acceptor;
   asio::ip::tcp::socket tcp_socket;
};
```

次のrun_server()関数は、asio::io_contextオブジェクトと入力コネクションをすぐアクセプトするserverインスタンスを作って、contextオブジェクトのrun()メソッドを呼び出します。これは、イベント処理ループを実行し、すべての作業が終了してディスパッチするハンドラがなくなるか、stop()メソッド呼び出しでasio::io_contextオブジェクトが停止するまでブロックします。run_server()関数は例外が発生するまで実行を続けます。

```
void run_server(short const port)
{
   try
   {
      asio::io_context context;
      server srv(context, port);
      context.run();
   }
   catch (std::exception const & e)
   {
      std::cerr << "exception: " << e.what() << std::endl;
   }
}

int main()
{
   run_server(11234);
}
```

クライアント側の実装はもう少し簡単です。asio::connect()は指定ポートでホストとTCPコネクションを確立するために使用されます。接続が確立されたあと、asio::ip::tcp::socketのwrite_some()とread_some()同期メソッドを使用して、サーバとデータの送受信を行います。これは、ユーザのコンソール入力に基づいたループで実行され、ユーザが1から99までの数値を入力する限り続きます。次のコードに示すrun_client()関数が、これらすべてを実装しています。

```
void run_client(std::string const & host, short const port)
{
   try
   {
      asio::io_context context;
      asio::ip::tcp::socket tcp_socket(context);
      asio::ip::tcp::resolver resolver(context);
      asio::connect(tcp_socket,
                    resolver.resolve({ host.c_str(), std::to_string(port) }));
      while (true)
      {
         std::cout << "number [1-99]: ";

         int number;
         std::cin >> number;
         if (std::cin.fail() || number < 1 || number > 99)
            break;

         auto request = std::to_string(number);
         tcp_socket.write_some(asio::buffer(request, request.length()));

         std::array<char, 1024> reply;
         auto reply_length = tcp_socket.read_some(
                                asio::buffer(reply, reply.size()));

         std::cout << "reply is: ";
         std::cout.write(reply.data(), reply_length);
         std::cout << std::endl;
      }
   }
   catch (std::exception const & e)
   {
      std::cerr << "exception: " << e.what() << std::endl;
   }
}

int main()
{
```

```
    run_client("localhost", 11234);
}
```

次の画像は、サーバ（左側）とクライアント（右側）の出力を並べたスクリーンショットです。

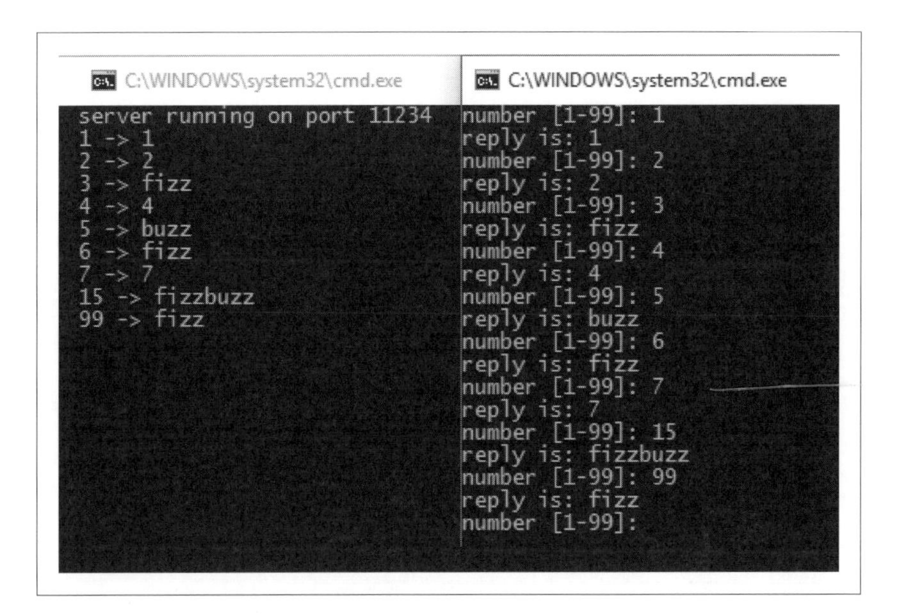

解答 97 ビットコインの交換レート

さまざまなオンラインサービスが、ビットコインの市場価格と交換レートをチェックするAPIを提供しています。無料で使えるサービスがhttps://blockchain.info/tickerにあります。HTTP GETリクエストすると、さまざまな通貨での市場価格がJSONオブジェクトで返されます。APIに関するドキュメントはhttps://blockchain.info/api/exchange_rates_apiにあります。APIを実行すると返されるJSONオブジェクトの一部を次に示します。

```
{
  "USD": {
    "15m": 8196.491155299998,
    "last": 8196.491155299998,
    "buy": 8196.491155299998,
```

```
      "sell": 8196.491155299998,
      "symbol": "$"
    },
    "GBP": {
      "15m": 5876.884158350099,
      "last": 5876.884158350099,
      "buy": 5876.884158350099,
      "sell": 5876.884158350099,
      "symbol": "£"
    }
  }
```

ネットワーク通信するライブラリにはさまざまな種類があります。広く使われているものにcurlがあります。これはHTTP/HTTPS、FTP/FTPS、Gopher、LDAP/LDAPS、POP3/POP3S、SMTP/SMTPSといった多数のプロトコルをサポートするCで書かれたコマンドラインツール（cURL）とライブラリ（libcurl）を含むプロジェクトです。libcurl上にはいくつかのC++ライブラリもあります。そのようなオープンソースクロスプラットフォームライブラリの1つがcurlcppで、Giuseppe Persicoにより書かれhttps://github.com/JosephP91/curlcppから入手できます。本書では、この2つのライブラリを使ってこの**問題97**と**問題98**を解きます。

libcurlとcurlcppライブラリのビルド手順は、それぞれのプロジェクトのドキュメントに書かれています。本書付属のソースコードはすべて、CMakeスクリプトのコンフィグレーションが用意されています。別のプロジェクト用にビルドする場合には、プラットフォームに応じて別のものを用意する必要があります。WindowsとmacOSの場合のビルド手順は次の通りです。

WindowsでVisual Studio 2017を使っている場合は、次が必要です。

1. cURLを（https://curl.haxx.se/download.htmlから）ダウンロードして解凍し、Visual Studioソリューションを探す（`projects\Windows\VC15\curl-all.sln`のはず）。このソリューションを開き、必要なターゲットプラットフォーム（Win32またはx64）用に`LIB Debug - DLL Windows SSPI`コンフィグレーションをビルドする。結果は`libcurl.lib`という静的ライブラリファイルになる。
2. curlcppを（https://github.com/JosephP91/curlcppから）ダウンロードし、`build`というフォルダを作り、そこから`CURL_LIBRARY`と`CURL_INCLUDE_DIR`変数をセットしてCMakeを実行する。`CURL_LIBRARY`は`libcurl.lib`があるフォルダを、`CURL_`

INCLUDE_DIRはCURLヘッダがあるフォルダを指していなければならない。生成されたプロジェクトを開いてビルドする。結果はcurlcpp.libという静的ライブラリファイルになる。

3. curlcppを使うVisual Studioプロジェクトで、プリプロセッサ定義にCURL_STATICLIBを追加し、「追加のインクルードディレクトリ」のリストにcurl\includeとcurlcpp\includeフォルダへのパスを追加し、「追加のライブラリディレクトリ」に1.と2.の2つのライブラリの出力フォルダを追加する。最後に、プロジェクトをlibcurl.lib, curlcpp.lib, Crypt32.lib, ws2_32.lib, winmm.lib, wldap32.libという静的ライブラリにリンクする必要がある。

macOSでXcodeを使用している場合は次を行う必要があります。

1. opensslを（https://www.openssl.org/から）ダウンロードして解凍し、次のコマンドを実行してビルドしてインストールする。

```
./Configure darwin64-x86_64-cc shared enable-ec_nistp_64_gcc_128 no-ssl2 no-ssl3
no-comp --openssldir=/usr/local/ssl/macos-x86_64
make depend
sudo make install
```

2. cURLを（https://curl.haxx.se/download.htmlから）ダウンロードし、解凍してbuildというフォルダを作り、そこからOPENSSL_ROOT_DIRとOPENSSL_INCLUDE_DIR変数がopensslを指すように指定してCMakeを実行する。テストおよびドキュメントプロジェクトの生成を無効にしたければ、BUILD_TESTINGとBUILD_CURL_EXEとUSE_MANUAL変数をOFFにセットする。デバッグビルドの結果はlibcurl-d.dylibというファイルになる。

```
cmake -G Xcode .. -DOPENSSL_ROOT_DIR=/usr/local/bin -DOPENSSL_INCLUDE_DIR=/usr/
local/include/
```

3. curlcppを（https://github.com/JosephP91/curlcppから）ダウンロードし、buildというフォルダを作り、そこでCURL_LIBRARYとCURL_INCLUDE_DIR変数をセットしてCMakeを実行する。CURL_LIBRARYはlibcurl-d.dylibのあるフォルダを、CURL_INCLUDE_DIRはCURLヘッダのあるフォルダを指していなければならない。生成されたプロジェクトを開いてビルドする。結果はlibcurlcpp.aというファイルになる。

```
cmake -G Xcode .. -DCURL_LIBRARY=<path>/curl-7.59.0/build/lib/Debug/libcurl-d.
dylib -DCURL_INCLUDE_DIR=<path>/curl-7.59.0/include
```

4. cURLとcurlcppを使うXcodeプロジェクトでは、プリプロセッサマクロにCURL_STATICLIBを、Header Search Pathsにcurl/includeとcurlcpp/includeディレクトリへのパスを、Library Search Pathsに2つのライブラリの出力ディレクトリを、そしてLink Binary With Librariesのリストへlibcurl-d.dylibとlibcurlcpp.aの2つの静的ライブラリをそれぞれ追加する。

libcurlには（インタフェースと呼ばれる）2つのプログラミングモデル、easyとmultiがあります。easyインタフェースはデータを転送するために、同期式の効率的でシンプルなプログラミングモデルを使います。multiインタフェースは、単一または複数スレッドを用い、複数のデータ転送を行う非同期モデルです。easyインタフェースを使うときには、まずセッションを初期化し、URLやデータが用意できたら呼び出されるコールバックなどさまざまなオプションを設定します。設定が終わったら転送を行いますが、これはブロッキング実行で転送が完了するまでは返ってきません。転送が完了すると、転送に関する情報が得られ、最終的にセッションをクリーンアップする必要があります。初期化とクリーンアップは、curlcppライブラリのRAIIイディオムに従って（自動的に）処理されます。

次のget_json_document()関数は、URLを引数に取り、HTTP GETリクエストを実行します。サーバからの返答はstd::stringstreamに書き込まれ、呼び出し元に返されます。

```
#include "curl_easy.h"
#include "curl_form.h"
#include "curl_ios.h"
#include "curl_exception.h"

std::stringstream get_json_document(std::string const & url)
{
   std::stringstream str;
   try
   {
      curl::curl_ios<std::stringstream> writer(str);
      curl::curl_easy easy(writer);

      easy.add<CURLOPT_URL>(url.c_str());
      easy.add<CURLOPT_FOLLOWLOCATION>(1L);
```

```
        easy.perform();
    }
    catch (curl::curl_easy_exception const & error)
    {
        error.print_traceback();
    }
    return str;
}
```

https://blockchain.info/tickerへのHTTP GETを実行すると、既に示したJSONオブジェクトが返ってきます。このAPIで返されるデータを表すのに、次の型を使います。

```
struct exchange_info
{
    double      delay_15m_price;
    double      latest_price;
    double      buying_price;
    double      selling_price;
    std::string symbol;
};

using blockchain_rates = std::map<std::string, exchange_info>;
```

JSONデータの処理にはnlohmann/jsonライブラリを使用できます。このライブラリの詳細は、「**9章 データシリアライゼーション**」を参照してください。次のfrom_json()関数は、JSONからexchange_infoオブジェクトをデシリアライズします。

```
#include "json.hpp"

using json = nlohmann::json;

void from_json(json const & jdata, exchange_info& info)
{
    info.delay_15m_price = jdata.at("15m").get<double>();
    info.latest_price    = jdata.at("last").get<double>();
    info.buying_price    = jdata.at("buy").get<double>();
    info.selling_price   = jdata.at("sell").get<double>();
    info.symbol          = jdata.at("symbol").get<std::string>();
}
```

これらすべてをまとめて、サーバから交換レートを取得し、JSON応答をデシリアライズし、コンソールに交換レートを出力する次のようなプログラムが書けます。

```
int main()
{
   auto doc = get_json_document("https://blockchain.info/ticker");
   json jdata;
   doc >> jdata;
   blockchain_rates rates = jdata;
   for (auto const & [title, info] : rates)
   {
      std::cout << "1BPI = " << info.latest_price
                << " " << title << std::endl;
   }
}
```

解答 98　IMAPを使って電子メールを取得

IMAP（Internet Message Access Protocol）は、TCP/IPを使い、電子メールサーバから電子メールメッセージを取得するためのインターネットプロトコルです。Gmail、Outlook.com、Yahoo! Mailのような主要メールサーバを含めて、ほとんどのメールサーバがこれをサポートしています。VMIMEのようにIMAPを扱えるC++ライブラリが複数あります。VMIMEはオープンソースのクロスプラットフォームで、IMAP、POPおよびSMTPをサポートしています。しかし、本書では、IMAPS（IMAP over SSL）を使っているメールサーバにHTTPリクエストを行うためにcURL（より正確にはlibcurl）を使います。

必要な操作は、いくつかのIMAPコマンドでできます。次のコマンド説明中、imap.domain.comはメールサーバのドメイン名の例です。

- GET imaps://imap.domain.comは、メールボックスにある全フォルダを取得する。受信トレイなどの特定のフォルダの中にあるサブフォルダを取得したいなら、GET imaps://imap.domain.com/<foldername>とする必要がある。
- SEARCH UNSEEN imaps://imap.domain.com/<foldername>は、フォルダの未読メールすべての識別子を取得する。
- GET imaps://imap.domain.com/<foldername>/;UID=<id>は、指定したフォルダにある指定したIDを持つメールを取得する。

メールサーバのプロバイダにGmail、Outlook.com、Yahoo! Mailを使っている場合、それぞれのIMAP設定はどれもよく似ています。いずれも、TLS暗号でポート933を使い、ユーザ名はメールアドレス、パスワードはアカウントのパスワードです。違いは、サーバのホスト名だけです。Gmailは、imap.gmail.com、Outlook.comはimapmail.outlook.com、Yahoo! Mailはimap.mail.yahoo.comです。二段階認証（2-FA）を使っている場合には、サードパーティのアプリケーションパスワードを生成し、アカウントパスワードの代わりにそのパスワードを使用する必要があります。

次のコードでは、これらの機能がimap_connectionクラスのメンバ関数として実装されています。imap_connectionクラスはサーバURL、ポート番号、ユーザ名、パスワードで構成されます。ヘルパーメソッドのsetup_easy()はポート、ユーザ名とパスワード、TLS暗号などの認証設定およびユーザエージェント（オプション）などの一般的な設定でcurl::curl_easyオブジェクトを初期化します。

```
class imap_connection
{
public:
   imap_connection(std::string const & url,
                   unsigned short const port,
                   std::string_view user,
                   std::string_view pass)
                   : url(url), port(port), user(user), pass(pass) {}

   std::string get_folders();
   std::vector<unsigned int> fetch_unread_uids(std::string_view folder);
   std::string fetch_email(std::string_view folder, unsigned int uid);

private:
   void setup_easy(curl::curl_easy& easy)
   {
      easy.add<CURLOPT_PORT>(port);
      easy.add<CURLOPT_USERNAME>(user.c_str());
      easy.add<CURLOPT_PASSWORD>(pass.c_str());
      easy.add<CURLOPT_USE_SSL>(CURLUSESSL_ALL);
      easy.add<CURLOPT_SSL_VERIFYPEER>(0L);
      easy.add<CURLOPT_SSL_VERIFYHOST>(0L);
      easy.add<CURLOPT_USERAGENT>("libcurl-agent/1.0");
```

```
    }

    std::string const url;
    unsigned short const port;
    std::string const user;
    std::string const pass;
};
```

get_folders()メソッドは、メールボックスのフォルダのリストを返します。しかし、この関数はサーバから受け取った文字列をそのまま返すだけで、中身を解釈するわけではありません。

中身を解釈して、フォルダのリストを返すように関数を修正しなさい。

get_folders()関数は、curl::curl_easyオブジェクトを作成し、URLや認証情報などの引数で初期化し、リクエストを実行して、サーバから渡された結果をstd::stringstreamにコピーして返します。

```
std::string imap_connection::get_folders()
{
    std::stringstream str;
    try
    {
        curl::curl_ios<std::stringstream> writer(str);

        curl::curl_easy easy(writer);
        easy.add<CURLOPT_URL>(url.c_str());
        setup_easy(easy);

        easy.perform();
    }
    catch (curl::curl_easy_exception const & error)
    {
        error.print_traceback();
    }
    return str.str();
}
```

出力例を次に示します。

```
* LIST (\HasNoChildren) "/" "INBOX"
* LIST (\HasNoChildren) "/" "Notes"
* LIST (\HasNoChildren) "/" "Trash"
* LIST (\HasChildren \Noselect) "/" "[Gmail]"
* LIST (\All \HasNoChildren) "/" "[Gmail]/All Mail"
* LIST (\Drafts \HasNoChildren) "/" "[Gmail]/Drafts"
* LIST (\HasNoChildren \Important) "/" "[Gmail]/Important"
* LIST (\HasNoChildren \Sent) "/" "[Gmail]/Sent Mail"
* LIST (\HasNoChildren \Junk) "/" "[Gmail]/Spam"
* LIST (\Flagged \HasNoChildren) "/" "[Gmail]/Starred"
```

fetch_unread_uids()メソッドもよく似ています。この関数は、指定フォルダにある未読メールの識別子を表す符号なし整数のベクトルを返します。リクエストの処理も先ほどのget_folders()関数と似ていますが、結果を解釈してメールIDのリストを作るところが異なります。また、CURLOPT_CUSTOMREQUESTオプションをSEARCH UNSEENにセットします。この結果、デフォルトのGETメソッドがオプションで指定したメソッド（この場合はSEARCH）に置き換えられます。

```
std::vector<unsigned int>
imap_connection::fetch_unread_uids(std::string const & folder)
{
   std::stringstream str;
   try
   {
      curl::curl_ios<std::stringstream> writer(str);

      curl::curl_easy easy(writer);
      easy.add<CURLOPT_URL>((url + "/" + folder + "/").c_str());
      easy.add<CURLOPT_CUSTOMREQUEST>("SEARCH UNSEEN");
      setup_easy(easy);

      easy.perform();
   }
   catch (curl::curl_easy_exception const & error)
   {
      error.print_traceback();
   }

   std::vector<unsigned int> uids;
   str.seekg(8, std::ios::beg);
   unsigned int uid;
   while (str >> uid)
      uids.push_back(uid);
```

```
    return uids;
}
```

実装する最後のメソッドはfetch_email()で、フォルダ名と電子メール識別子を引数に取り、電子メールを文字列として返します。次にこのメソッドのコードを示します。

```
std::string imap_connection::fetch_email(std::string_view folder,
                                         unsigned int uid)
{
   std::stringstream str;
   try
   {
      curl::curl_ios<std::stringstream> writer(str);
      curl::curl_easy easy(writer);
      easy.add<CURLOPT_URL>(url + "/" + folder + "/;UID=" +
                            std::to_string(uid)).c_str());
      setup_easy(easy);

      easy.perform();
   }
   catch (curl::curl_easy_exception const & error)
   {
      error.print_traceback();
   }
   return str.str();
}
```

次のコードに示すように、このクラスを使って要求したコンテンツを取得できます。このコード例では、メールボックスフォルダを読み込み、未読メールのIDを受信トレイから取得し、未読メールがあったら、そのうち最新のものを取得して表示します。

```
int main()
{
   imap_connection imap("imaps://imap.gmail.com",
                        993,
                        "...(your username)...",
                        "...(your password)...");

   auto folders = imap.get_folders();
   std::cout << folders << std::endl;

   auto uids = imap.fetch_unread_uids("inbox");
   if (!uids.empty())
```

```
    {
        auto email = imap.fetch_email("inbox", uids.back());
        std::cout << email << std::endl;
    }
}
```

解答 99 テキストを任意の指定された言語に翻訳する

テキスト翻訳の機能は、Microsoft Cognitive Services、Google Cloud Translation API、Amazon Translateをはじめ、多数のクラウドコンピューティングサービスで用意されています。本書では、Microsoft AzureのCognitive Servicesを使います。Azure Cognitive Servicesは、機械学習とAIアルゴリズムの集まりで、アプリケーションに知的な機能を簡単に追加できるようになっています。含まれているサービスの中には、言語の検出、ある言語から別の言語への翻訳、およびテキストから音声への変換のような機能を提供するText Translate APIがあります。HTTPリクエストを行うためにlibcurlも使います。

Text Translate APIサービスには、さまざまな価格設定プランが用意され、無料コースもあります。テキスト翻訳に関しては、1か月に200万文字まで翻訳できますから、デモやプロトタイピングには十分でしょう。このAPIを使うには、次のようなことが必要です。

1. Azureアカウント。まだ作成していなければ作る。
2. 新たなText Translate Text APIリソースを作る。
3. リソース作成後、そこに移動して、リソース用に生成された2つのアプリケーションキーの1つをコピーする。このキーがサービス呼び出しに必要になる。
4. サービス呼び出しのエンドポイントは、https://api.cognitive.microsofttranslator.comであり、リソースオーバビューに示されているものではない。

テキスト翻訳のAPIに関する（バージョン3の）ドキュメントはhttps://docs.microsoft.com/ja-jp/azure/cognitive-services/translator/translator-info-overviewにあります。テキスト翻訳を実行するには次を行わないといけません。

1. `[endpoint]/Translate`に対して`GET`リクエストを発行する。
2. 必要なクエリパラメータ（`api-version`と`to`）および必要に応じて、元の言語（デフォルトは英語）を示すfromなどのオプションのパラメータを与える。

3. 必要なヘッダを与える。最低限、Azureリソースのアプリケーションキーを渡すのに必要なOcp-Apim-Subscription-Keyと、リクエスト本体の型とサイズを示すContent-TypeとContent-Lengthが必要。
4. リクエスト本体の形式はJSON配列にする。配列の各要素は、Textというプロパティ名で翻訳したい文字列をセットする。配列要素は最大25要素まで、リクエストのテキストは5,000文字を超えないこと。

例えば、"hello world!"を英語からフランス語に翻訳するGETリクエストは次のようになります。

```
GET /translate?to=fr&api-version%3D3.0
host: api.cognitive.microsofttranslator.com
ocp-apim-subscription-key: <キー>
Content-Type:application/json
Content-Length:<長さ>
```

本体は、次の形式です。

```
[
  {"Text":"hello world!"}
]
```

成功すれば、翻訳したテキストを表すJSON配列が各要素の文字列を翻訳した文字列として返ってきます。テキストはUTF-8でエンコードされます。上の例では、結果は次のようになります。

```
[
  {
     "translations":[
        {"text":"Salut tout le monde!","to":"fr"}
      ]
   }
]
```

JSON値を扱うためにnlohman/jsonライブラリを使い、HTTPリクエストにlibcurlを使います。次のクラスがサービスでやり取りされるリクエストと応答をモデル化します。

```
using json = nlohmann::json;
```

```
struct request_item
{
   std::string text;
};

using translate_request = std::vector<request_item>;

struct response_item
{
   std::string text;
   std::string to;
};

struct response_object
{
   std::vector<response_item> translations;
};
using translate_response = std::vector<response_object>;
```

シリアライズとデシリアライズのために、本書で既に登場したto_json()とfrom_json()関数を実装する必要があります。

```
void to_json(json & j, request_item const & item)
{
   j = json{ { "text", item.text } };
}

void from_json(json const & jdata, response_item & item)
{
   item.text = jdata.at("text").get<std::string>();
   item.to = jdata.at("to").get<std::string>();
}
void from_json(json const & jdata, response_object & item)
{
   item.translations = jdata.at("translations").get<std::vector<response_item>>();
}
```

失敗が生じた場合には、200以外のステータスコードが返されるだけでなく、サービスが別のJSONを返すことをしっかりと理解しておかないといけません。そのJSON応答には、コードとエラーを記述するメッセージが含まれます。それは次のようにモデル化できます。

```
struct text_error
{
```

```
    std::string code;
    std::string message;
};

struct text_error_response
{
    text_error error;
};
```

from_json()関数のデシリアライズのコードは、次のようになります。

```
void from_json(json const & jdata, text_error & error)
{
    error.code = jdata.at("code").get<std::string>();
    error.message = jdata.at("message").get<std::string>();
}

void from_json(json const & jdata, text_error_response & response)
{
    response.error = jdata.at("error");
}
```

テキスト翻訳機能をアプリケーションキーとエンドポイントを扱えるクラスにカプセル化して、翻訳関数を単純化できます。次のtext_translatorクラスがそれを行います。

Text Translation APIのエンドポイントを表す文字列とアプリケーションキーの2つの文字列が作られ、サーバからの結果はJSON形式で返されます。メンバ関数parse_detect_response()がJSON配列から実際のテキストを抽出します。

```
class text_translator
{
public:
    text_translator(std::string_view endpoint, std::string_view key)
                  : endpoint(endpoint), app_key(key) {}

    std::wstring translate_text(std::wstring_view wtext,
                                std::string_view to,
                                std::string_view from = "en") const;

private:
    translate_response parse_detect_response(long const status,
                                             std::stringstream & str) const;

    std::string const endpoint;
    std::string const app_key;
```

```
};
```

translate_text()メンバ関数が実際の翻訳を行います。入力は翻訳されるテキスト、翻訳する言語、そして、デフォルトが英語であるテキストの言語です。このメソッドの入力テキストはUTF-16ですが、UTF-8に変換しなければなりません。一方、サーバから返されるのがUTF-8なので、UTF-16に変換する必要があります。これらは、ヘルパー関数utf16_to_utf8()とutf8_to_utf16()で行います。

```
std::wstring text_translator::translate_text(std::wstring_view wtext,
                                              std::string const & to,
                                              std::string const & from = "en") const
{
   try
   {
      using namespace std::string_literals;

      std::stringstream str;
      std::string text = utf16_to_utf8(wtext);

      translate_request request = { request_item {text} };
      json data = request;
      std::stringstream reqstr;
      reqstr << data;
      std::string request_body = reqstr.str();

      curl::curl_ios<std::stringstream> writer(str);
      curl::curl_easy easy(writer);

      curl::curl_header header;
      header.add("Ocp-Apim-Subscription-Key:" + app_key);
      header.add("Content-Type:application/json");
      header.add("Content-Length:" + std::to_string(request_body.size()));

      easy.escape(text);
      auto url = endpoint + "/translate?";
      url += "api-version=3.0";
      url += "&from="s + from;
      url += "&to="s + to;

      easy.add<CURLOPT_URL>(url.c_str());
      easy.add<CURLOPT_HTTPHEADER>(header.get());

      easy.add<CURLOPT_POSTFIELDSIZE>(request_body.size());
      easy.add<CURLOPT_POSTFIELDS>(reinterpret_cast<char*>(request_body.data()));
```

```
      easy.perform();

      auto status = easy.get_info<CURLINFO_RESPONSE_CODE>();
      auto result = parse_detect_response(status.get(), str);

      if (!result.empty())
         return utf8_to_utf16(result[0].translations[0].text);

      return {};
   }
   catch (curl::curl_easy_exception const & error)
   {
      error.print_traceback();
   }
   catch (std::exception const & ex)
   {
      std::cout << ex.what() << std::endl;
   }

   return {};
}
```

応答は、翻訳成功かエラーかどちらかですが、次のメソッドでパースされます。

```
translate_response text_translator::parse_detect_response(
   long const status,
   std::stringstream & str) const
{
   json jdata;
   str >> jdata;

   try
   {
      if (status == 200)
      {
         translate_response response = jdata;
         return response;
      }
      else if (status >= 400)
      {
         text_error_response response = jdata;
         std::cout << response.error.code << std::endl
                   << response.error.message << std::endl;

      }
```

```
      }
      catch (std::exception const & ex)
      {
         std::cout << ex.what() << std::endl;
      }
      return {};
   }
```

UTF-8とUTF-16との間の変換用の2つのヘルパー関数は次の通りです。

```
std::wstring utf8_to_utf16(std::string const & text)
{
   std::wstring_convert<std::codecvt_utf8_utf16<wchar_t>> converter;
   std::wstring wtext = converter.from_bytes(text.c_str());
   return wtext;
}

std::string utf16_to_utf8(std::wstring const & wtext)
{
   std::wstring_convert<std::codecvt_utf8_utf16<wchar_t>> converter;
   std::string text = converter.to_bytes(wtext.c_str());
   return text;
}
```

`text_translator`クラスを使って、次の例のように、さまざまな言語間の翻訳ができます。

```
int main()
{
#ifdef _WIN32
   SetConsoleOutputCP(CP_UTF8);
#endif
   set_utf8_conversion(std::wcout);

   text_translator const tt("https://api.cognitive.microsofttranslator.com",
                            "...(your api key)...");

   std::vector<std::tuple<std::wstring, std::string, std::string>> const texts
   {
      { L"hello world!", "en", "ro"},
      { L"what time is it?", "en", "es" },
      { L"ceci est un exemple", "fr", "en" }
   };

   for (auto const & [text, from, to] : texts)
```

```
   {
      auto result = tt.translate_text(text, to, from);

      std::cout << from << ": ";
      std::wcout << text << std::endl;
      std::cout << to << ": ";
      std::wcout << result << std::endl;
   }
}
```

ディスプレイにUTF-8文字を出力するのは一筋縄ではいきません。Windowsでは、適切なコードページを有効にするために、SetConsoleOutputCP(CP_UTF8)を呼び出す必要があります。さらに、出力ストリームに適切なUTF-8ロケールを設定する必要がありますが、これはset_utf8_conversion()関数で行えます。

```
void set_utf8_conversion(std::wostream & stream)
{
   auto codecvt = std::make_unique<std::codecvt_utf8<wchar_t>>();
   std::locale utf8locale(std::locale(), codecvt.get());
   codecvt.release();
   stream.imbue(utf8locale);
}
```

先ほどの例の出力は次のようになります。

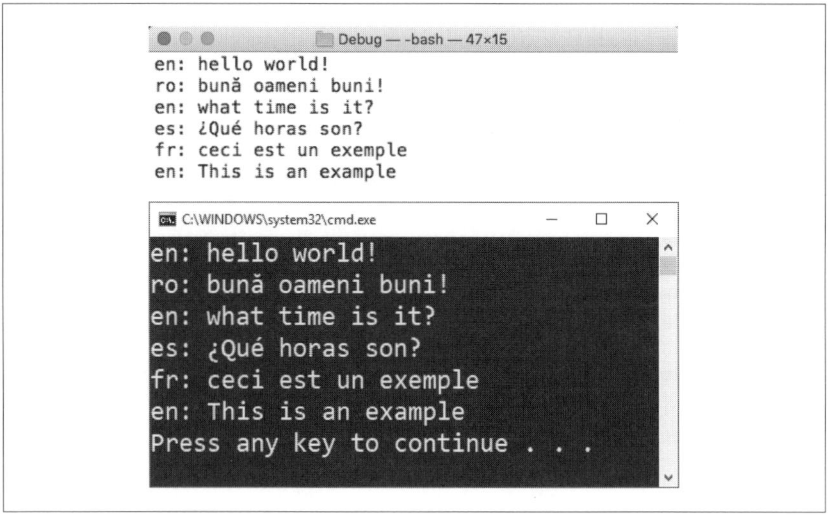

```
Debug — -bash — 47×15
en: hello world!
ro: bună oameni buni!
en: what time is it?
es: ¿Qué horas son?
fr: ceci est un exemple
en: This is an example
```

```
C:\WINDOWS\system32\cmd.exe
en: hello world!
ro: bună oameni buni!
en: what time is it?
es: ¿Qué horas son?
fr: ceci est un exemple
en: This is an example
Press any key to continue . . .
```

解答100 画像内にある顔を検出する

これもMicrosoft Cognitive Servicesを使って解ける問題です。Face APIと呼ばれるこのグループは、顔の識別、性別、年齢、感情およびさまざまな顔の特徴や属性の検出、顔の類似度、人の識別、顔の類似度に基づいた写真のグループ分けなどを行うアルゴリズムを提供します。

Text Translate API同様、1か月に30,000トランザクションまでできる無料プランがありますが、1分間に20回までしか使えません。トランザクションは基本的にはAPI呼び出しです。毎月や毎分あたりもっと多数のトランザクションが可能な有料プランもありますが、この問題のためには無料プランで十分でしょう。30日間有効なお試しプランもあります。

Face APIを使うには、次のようなことが必要です。

1. Azureアカウント。まだ作成していなければ作る。
2. 新たなFace APIリソースを作る。
3. リソース作成後、そのリソースに移動し、そのリソース用に生成された2つのアプリケーションキーの1つとリソースエンドポイントをコピーする。サービス呼び出しには両方とも必要になる。

Face APIに関するドキュメントはhttps://azure.microsoft.com/ja-jp/services/cognitive-services/face/にあります。Detectメソッドに関する情報を注意して読んでください。簡単にまとめると、次を行わないといけません。

- POSTリクエストを[endpoint]/Detectに対して発行する。
- 顔のIDを返すかどうかのフラグ、顔の要素、どの顔属性を分析して返すかを示す文字列などのオプションのクエリパラメータを与える。
- オプションおよび必須のヘッダを与える。最低限、Azureリソースのアプリケーションキーを渡すOcp-Apim-Subscription-Keyが必要。
- 分析する画像を渡す。画像のURLを持つJSONオブジェクト（コンテンツタイプがapplication/json)、または実際の画像（コンテンツタイプがapplication/octet-stream）を渡すことができる。この問題では、画像をディスクファイルからロードするので、後者のオプションを使う。

成功すれば、要求した情報すべてを含むJSONオブジェクトが返されます。失敗すれば、エラーに関する情報のJSONオブジェクトが返されます。

次に示すのは、顔を分析して、特徴、年齢、性別、感情、および顔の識別子を要求するリクエストです。識別した顔の情報は、サーバ上に24時間保管され、別のFace APIアルゴリズムでも使用できます。

```
POST
/face/v1.0/detect?returnFaceId=true&returnFaceLandmarks=true&returnFaceAttr
ibutes=age,gender,emotion
host: japaneast.api.cognitive.microsoft.com
ocp-apim-subscription-key: <キー>
content-type: application/octet-stream
content-length: <長さ>
accept: */*
```

サーバから返されるJSONの結果は次のようになります。応答全部は長いので、これは一部にすぎないことに注意してください。実際の結果は、27の顔の特徴を含んでいますので、最初の2つだけ示します。


```
[{
  "faceId": "0ddb348a-6038-4cbb-b3a1-86fffe6c1f26",
  "faceRectangle": {
    "top": 86,
    "left": 165,
    "width": 72,
    "height": 72
  },
  "faceLandmarks": {
    "pupilLeft": {
      "x": 187.5,
      "y": 102.9
    },
    "pupilRight": {
      "x": 214.6,
      "y": 104.7
    }
  },
  "faceAttributes": {
    "gender": "male",
    "age": 54.9,
    "emotion": {
      "anger": 0,
      "contempt": 0,
```

```
      "disgust": 0,
      "fear": 0,
      "happiness": 1,
      "neutral": 0,
      "sadness": 0,
      "surprise": 0
    }
  }
}]
```

JSONオブジェクトのデシリアライズにはnlohmann/jsonライブラリを、HTTPリクエストの実行にはlibcurlを使います。次のクラスは、成功した場合のサーバからの結果をモデル化しています。

```
struct face_rectangle
{
   int width = 0;
   int height = 0;
   int left = 0;
   int top = 0;
};

struct face_point
{
   double x = 0;
   double y = 0;
};

struct face_landmarks
{
   face_point pupilLeft;
   face_point pupilRight;
   face_point noseTip;
   face_point mouthLeft;
   face_point mouthRight;
   face_point eyebrowLeftOuter;
   face_point eyebrowLeftInner;
   face_point eyeLeftOuter;
   face_point eyeLeftTop;
   face_point eyeLeftBottom;
   face_point eyeLeftInner;
   face_point eyebrowRightInner;
   face_point eyebrowRightOuter;
   face_point eyeRightInner;
   face_point eyeRightTop;
```

```
    face_point eyeRightBottom;
    face_point eyeRightOuter;
    face_point noseRootLeft;
    face_point noseRootRight;
    face_point noseLeftAlarTop;
    face_point noseRightAlarTop;
    face_point noseLeftAlarOutTip;
    face_point noseRightAlarOutTip;
    face_point upperLipTop;
    face_point upperLipBottom;
    face_point underLipTop;
    face_point underLipBottom;
};

struct face_emotion
{
    double anger = 0;
    double contempt = 0;
    double disgust = 0;
    double fear = 0;
    double happiness = 0;
    double neutral = 0;
    double sadness = 0;
    double surprise = 0;
};

struct face_attributes
{
    std::string  gender;
    double       age;
    face_emotion emotion;
};

struct face_info
{
    std::string     faceId;
    face_rectangle  rectangle;
    face_landmarks  landmarks;
    face_attributes attributes;
};
```

画像には複数の顔が含まれることがあるので、サーバからの実際の応答は、オブジェクトの配列です。次のコードに示すface_detect_responseは、実際の応答の型を表します。

```
using face_detect_response = std::vector<face_info>;
```

デシリアライズは本書の他の場合と同様に、オーバーロードされたfrom_json()関数を使って行います。JSONデシリアライズに関する問題を既に解いていれば、次のコードはよく知っているはずです。

```
using json = nlohmann::json;

void from_json(json const & jdata, face_rectangle & rect)
{
   rect.width = jdata.at("width").get<int>();
   rect.height = jdata.at("height").get<int>();
   rect.top = jdata.at("top").get<int>();
   rect.left = jdata.at("left").get<int>();
}

void from_json(json const & jdata, face_point & point)
{
   point.x = jdata.at("x").get<double>();
   point.y = jdata.at("y").get<double>();
}

void from_json(json const & jdata, face_landmarks& mark)
{
   mark.pupilLeft = jdata.at("pupilLeft");
   mark.pupilRight = jdata.at("pupilRight");
   mark.noseTip = jdata.at("noseTip");
   mark.mouthLeft = jdata.at("mouthLeft");
   mark.mouthRight = jdata.at("mouthRight");
   mark.eyebrowLeftOuter = jdata.at("eyebrowLeftOuter");
   mark.eyebrowLeftInner = jdata.at("eyebrowLeftInner");
   mark.eyeLeftOuter = jdata.at("eyeLeftOuter");
   mark.eyeLeftTop = jdata.at("eyeLeftTop");
   mark.eyeLeftBottom = jdata.at("eyeLeftBottom");
   mark.eyeLeftInner = jdata.at("eyeLeftInner");
   mark.eyebrowRightInner = jdata.at("eyebrowRightInner");
   mark.eyebrowRightOuter = jdata.at("eyebrowRightOuter");
   mark.eyeRightInner = jdata.at("eyeRightInner");
   mark.eyeRightTop = jdata.at("eyeRightTop");
   mark.eyeRightBottom = jdata.at("eyeRightBottom");
   mark.eyeRightOuter = jdata.at("eyeRightOuter");
   mark.noseRootLeft = jdata.at("noseRootLeft");
   mark.noseRootRight = jdata.at("noseRootRight");
   mark.noseLeftAlarTop = jdata.at("noseLeftAlarTop");
   mark.noseRightAlarTop = jdata.at("noseRightAlarTop");
```

```
   mark.noseLeftAlarOutTip = jdata.at("noseLeftAlarOutTip");
   mark.noseRightAlarOutTip = jdata.at("noseRightAlarOutTip");
   mark.upperLipTop = jdata.at("upperLipTop");
   mark.upperLipBottom = jdata.at("upperLipBottom");
   mark.underLipTop = jdata.at("underLipTop");
   mark.underLipBottom = jdata.at("underLipBottom");
}

void from_json(json const & jdata, face_emotion& emo)
{
   emo.anger = jdata.at("anger").get<double>();
   emo.contempt = jdata.at("contempt").get<double>();
   emo.disgust = jdata.at("disgust").get<double>();
   emo.fear = jdata.at("fear").get<double>();
   emo.happiness = jdata.at("happiness").get<double>();
   emo.neutral = jdata.at("neutral").get<double>();
   emo.sadness = jdata.at("sadness").get<double>();
   emo.surprise = jdata.at("surprise").get<double>();
}

void from_json(json const & jdata, face_attributes& attr)
{
   attr.age = jdata.at("age").get<double>();
   attr.emotion = jdata.at("emotion");
   attr.gender = jdata.at("gender").get<std::string>();
}

void from_json(json const & jdata, face_info& info)
{
   info.faceId = jdata.at("faceId").get<std::string>();
   info.attributes = jdata.at("faceAttributes");
   info.landmarks = jdata.at("faceLandmarks");
   info.rectangle = jdata.at("faceRectangle");
}
```

しかし、何らかの理由でFace APIが失敗したときには、エラーを記述する別のJSONオブジェクトが返されます。そのためにface_error_responseクラスが使用されます。

```
struct face_error
{
   std::string code;
   std::string message;
};

struct face_error_response
```

```
{
   face_error error;
};
```

エラー応答をデシリアライズするためにはfrom_json()をオーバーロードする関数も必要です。

```
void from_json(json const & jdata, face_error & error)
{
   error.code = jdata.at("code").get<std::string>();
   error.message = jdata.at("message").get<std::string>();
}

void from_json(json const & jdata, face_error_response & response)
{
   response.error = jdata.at("error");
}
```

これらすべてを定義したら、Face APIを実際に呼び出すコードが書けます。テキスト翻訳の場合と同様に（追加が可能な）機能をカプセル化したクラスを書くことができます。そうすれば、（関数呼び出しのたびに渡す必要がある）アプリケーションキーやエンドポイントの管理が簡単になります。そのために次のface_managerクラスを使います。

```
class face_manager
{
public:
   face_manager(std::string_view endpoint, std::string_view key)
                     : endpoint(endpoint), app_key(key) {}

   face_detect_response detect_from_file(std::string_view path) const;
private:
   face_detect_response parse_detect_response(long const status,
                                              std::stringstream & str) const;
   std::string const endpoint;
   std::string const app_key;
};
```

detect_from_file()メソッドは、ディスク上の画像へのパスを表す文字列を引数に取ります。画像をロードし、Face APIに送り、応答をデシリアライズして、face_infoオブジェクトの集まりであるface_detect_responseオブジェクトを返します。呼び出しの際、実際の画像が渡されるので、コンテンツタイプはapplication/octet-streamです。curl_easyインタフェースでファイルのコンテンツをCURLOPT_POSTFIELDSフィールドに、長さをCURLOPT_POSTFIELDSIZEフィールドに渡す必要があります。

```
face_detect_response face_manager::detect_from_file(std::string_view path) const
{
   try
   {
      auto data = load_image(path);
      if (!data.empty())
      {
         std::stringstream str;
         curl::curl_ios<std::stringstream> writer(str);
         curl::curl_easy easy(writer);
         curl::curl_header header;
         header.add("Ocp-Apim-Subscription-Key:" + app_key);
         header.add("Content-Type:application/octet-stream");

         auto url = endpoint +
                    "/detect"
                    "?returnFaceId=true"
                    "&returnFaceLandmarks=true"
                    "&returnFaceAttributes=age,gender,emotion";

         easy.add<CURLOPT_URL>(url.c_str());
         easy.add<CURLOPT_HTTPHEADER>(header.get());
         easy.add<CURLOPT_POSTFIELDSIZE>(data.size());
         easy.add<CURLOPT_POSTFIELDS>(data.data());

         easy.perform();
         auto status = easy.get_info<CURLINFO_RESPONSE_CODE>();
         return parse_detect_response(status.get(), str);
      }
   }
   catch (curl::curl_easy_exception const & error)
   {
      error.print_traceback();
   }
   catch (std::exception const & ex)
   {
      std::cerr << ex.what() << std::endl;
   }
   return {};
}
```

parse_detect_response()メソッドは、サーバからのJSON応答をデシリアライズします。実際のHTTPレスポンスコードに基づいてこれを実行します。関数が成功するとステータスは200です。失敗すると4xxです。

```
face_detect_response face_manager::parse_detect_response(
   long const status, std::stringstream & str) const
{
   json jdata;
   str >> jdata;
   try
   {
      if (status == 200)
      {
         face_detect_response response = jdata;
         return response;
      }
      else if (status >= 400)
      {
         face_error_response response = jdata;
         std::cout << response.error.code << std::endl
                   << response.error.message << std::endl;
      }
   }
   catch (std::exception const & ex)
   {
      std::cerr << ex.what() << std::endl;
   }
   return {};
}
```

ディスクから画像ファイルを読み込むために、detect_from_file()関数はload_image()という別の関数を使います。load_image()関数は、ファイルへのパスを表す文字列を引数に取り、ファイルの内容をstd::vector<uint8_t>で返します。この関数は次のように実装されます。

```
std::vector<uint8_t> load_image(std::string const & filepath)
{
   std::vector<uint8_t> data;

   std::ifstream ifile(filepath.c_str(), std::ios::binary | std::ios::ate);
   if (ifile.is_open())
   {
      auto size = ifile.tellg();
      ifile.seekg(0, std::ios::beg);
```

```
        data.resize(static_cast<size_t>(size));
        ifile.read(reinterpret_cast<char*>(data.data()), size);
    }
    return data;
}
```

この時点で、Face APIのDetectアルゴリズムを呼び出し、応答をデシリアライズして、その内容をコンソールに出力するのに必要なものがすべて揃いました。次のプログラムは、プロジェクトのresフォルダにあるalbert_and_elsa.jpgというファイルの画像にある顔を識別した情報を出力します。自分のFace APIリソースの実際のエンドポイントとアプリケーションキーを使うことを忘れないでください。

```
int main()
{
    face_manager const manager(
        "https://japaneast.api.cognitive.microsoft.com/face/v1.0",
        "...(your api key)...");

    std::string const path = R"(./res/albert_and_elsa.jpg)";

    auto results = manager.detect_from_file(path);

    for (auto const & face : results)
    {
        std::cout << "faceId: " << face.faceId << std::endl
                  << "age: " << face.attributes.age << std::endl
                  << "gender: " << face.attributes.gender << std::endl
                  << "rect: " << "{" << face.rectangle.left
                  << "," << face.rectangle.top
                  << "," << face.rectangle.width
                  << "," << face.rectangle.height
                  << "}" << std::endl << std::endl;
    }
}
```

albert_and_elsa.jpgの画像を次に示します。

次に示すのがプログラムの出力です。実際の顔識別子は一時的な値で実行のたびに変わることを忘れないようにしてください。結果からわかるように2つの顔が認識されました。最初がアインシュタインで、年齢が54.9歳です。この写真は、彼が42歳の1921年に撮影されたものです。2番目の顔は、アインシュタインの妻エルザで、当時45歳です。彼女の場合、検出された年齢は41.6歳です。これらから、検出された年齢は大まかな指標にすぎず、正確でないことがわかります。

```
faceId: 77e0536f-073d-41c5-920d-c53264d17b98
age:    54.9
gender: male
rect:   {165,86,72,72}

faceId: afb22044-14fa-46bf-9b65-16d4fe1d9817
age:    41.6
gender: female
rect:   {321,151,59,59}
```

API呼び出しが失敗すると、(HTTPステータス400の) エラーメッセージが返ります。parse_detect_response()メソッドがエラー応答をデシリアリズして、メッセージをコンソールに出力します。例えば、誤ったAPIキーが使用された場合、サーバから次のメッセージが返され、コンソールに表示されます。

```
Unspecified
Access denied due to invalid subscription key. Make sure you are subscribed
to an API you are trying to call and provide the right key.
```

(日本語訳)
未規定
サブスクリプションキーが無効のためアクセスが拒否されました。呼び出しAPIをサブスクライブしているか、正しいキーを与えているか確認してください。

付録A 参考文献

A.1 論文等

- 1337C0D3R, 2011. Longest Palindromic Substring Part I (https://articles.leetcode.com/longest-palindromic-substring-part-i/)
- Aditya Goel, 2016. Permutations of a given string using STL (https://www.geeksforgeeks.org/permutations-of-a-given-string-using-stl/)
- Andrei Jakab, 2010. Using libcurl with SSH support in Visual Studio 2010 (https://curl.haxx.se/libcurl/c/Using-libcurl-with-SSH-support-in-Visual-Studio-2010.pdf)
- Ashwani Gautam, 2017. What is the analysis of quick sort? (https://www.quora.com/What-is-the-analysis-of-quick-sort)
- Ashwin Nanjappa, 2014. How to build Boost using Visual Studio (https://codeyarns.com/2014/06/06/how-to-build-boost-using-visual-studio/)
- busycrack, 2012. Telnet IMAP Commands Note (https://busylog.net/telnet-imap-commands-note/)
- Dan Madden, 2000. Encrypting Log Files (https://www.codeproject.com/Articles/644/Encrypting-Log-Files)
- Georgy Gimel'farb, 2016. Algorithm Quicksort: Analysis of Complexity (https://www.cs.auckland.ac.nz/courses/compsci220s1c/lectures/2016S1C/CS220-Lecture10.pdf)
- Jay Doshi, Chanchal Khemani, Juhi Duseja. Dijkstra's Algorithm (http://codersmaze.com/data-structure-explanations/graphs-data-structure/dijkstras-algorithm-for-shortest-path/)

- Jeffrey Walton, 2008. Applied Crypto++: Block Ciphers (https://www.codeproject.com/Articles/21877/Applied-Crypto-Block-Ciphers)
- Jeffrey Walton, 2007. Product Keys Based on the Advanced Encryption Standard(AES) (https://www.codeproject.com/Articles/16465/Product-Keys-Based-on-the-Advanced-Encryption-Stan)
- Jeffrey Walton, 2006. Compiling and Integrating Crypto++ into the Microsoft Visual C++ Environment (https://www.codeguru.com/cpp/v-s/devstudio_macros/openfaq/article.php/c12853/Compiling-and-Integrating-Crypto-into-the-Microsoft-Visual-C-Environment.htm)
- Jonathan Boccara, 2017. How to split a string in C++ (https://www.fluentcpp.com/2017/04/21/how-to-split-a-string-in-c/)
- Kenny Kerr, 2013. Resource Management in the Windows API (https://visualstudiomagazine.com/articles/2013/09/01/get-a-handle-on-the-windows-api.aspx)
- Kenny Kerr, 2011. Windows with C++ - C++ and the Windows API(https://msdn.microsoft.com/en-us/magazine/hh288076.aspx?f=255MSPPError=-2147217396)
- Marius Bancila, 2015. Integrate Windows Azure Face APIs in a C++ application (https://www.codeproject.com/Articles/989752/Integrate-Windows-Azure-Face-APIs-in-a-Cplusplus-a)
- Marius Bancila, 2018. Using Cognitive Services to find your Game of Thrones look-alike (https://www.codeproject.com/Articles/1234217/Using-Cognitive-Services-to-find-your-Game-of-Thro)
- Mary K. Vernon. Priority Queues (http://pages.cs.wisc.edu/~vernon/cs367/notes/11.PRIORITY-Q.html)
- Mathias Bynens. In search of the perfect URL validation regex (https://mathiasbynens.be/demo/url-regex)
- O.S. Tezer, 2014. SQLite vs MySQL vs PostgreSQL: A Comparison Of Relational Database Management Systems (https://www.digitalocean.com/community/tutorials/sqlite-vs-mysql-vs-postgresql-a-comparison-of-relational-database-management-systems)
- Robert Nystrom, 2014. Game Programming patterns: Double Buffer (http://

gameprogrammingpatterns.com/double-buffer.html)

- Robert Sedgewick, Philippe Flajolet, 2013. Introduction to the Analysis of Algorithms (http://www.informit.com/articles/article.aspx?p=2017754seqNum=5)
- Rosso Salmanzadeh, 2002. Using libcurl in Visual Studio (https://curl.haxx.se/libcurl/c/visual_studio.pdf)
- Sergii Bratus, 2010. Implementation of the Licensing System for a Software Product (https://www.codeproject.com/Articles/99499/Implementation-of-the-Licensing-System-for-a-Softw)
- Shubham Agrawal, 2016. Dijkstra's Shortest Path Algorithm using priority_queue of STL (https://www.geeksforgeeks.org/dijkstras-shortest-path-algorithm-using-priority_queue-stl/)
- Travis Tidwell, 2013. An Online RSA Public and Private Key Generator (http://travistidwell.com/blog/2013/09/06/an-online-rsa-public-and-private-key-generator/)
- Victor Volkman, 2006. Crypto++ Holds the Key to Encrypting Your C++ Application Data (https://www.codeguru.com/cpp/misc/misc/cryptoapi/article.php/c11953/Cryptosupregsup-Holds-the-Key-to-Encrypting-Your-C-Application-Data.htm)
- Yang Song, 2014. Split a string using C++ (http://ysonggit.github.io/coding/2014/12/16/split-a-string-using-c.html)
- Decorator Design Pattern (https://sourcemaking.com/design_patterns/decorator)
- Composite Design Pattern (https://sourcemaking.com/design_patterns/composite)
- Template Method Design Pattern (https://sourcemaking.com/design_patterns/template_method)
- Strategy Design Pattern(https://sourcemaking.com/design_patterns/strategy)
- Chain of Responsibility (https://sourcemaking.com/design_patterns/chain_of_responsibility)
- Understanding the PDF File Format: Overview (https://blog.idrsolutions.

com/2013/01/understanding-the-pdf-file-format-overview/)

- RSA Signing is Not RSA Decryption (https://www.cs.cornell.edu/courses/cs5430/2015sp/notes/rsa_sign_vs_dec.php)
- RSA Cryptography (https://www.cryptopp.com/wiki/RSA_Cryptography)
- Using rand() (C/C++) (http://eternallyconfuzzled.com/arts/jsw_art_rand.aspx)
- Crypto++ Keys and Formats (https://www.cryptopp.com/wiki/Keys_and_Formats)
- INTERNET MESSAGE ACCESS PROTOCOL - VERSION 4 rev1 (https://tools.ietf.org/html/rfc3501.html)
- Internal Versus External BLOBs in SQLite (https://www.sqlite.org/intern-v-extern-blob.html)
- OpenSSL Compilation and Installation (https://wiki.openssl.org/index.php/Compilation_and_Installation)

A.2 ライブラリドキュメント

- C/C++ JSON parser/generator benchmark (https://github.com/miloyip/nativejson-benchmark)
- Crypto++ (https://www.cryptopp.com/wiki/Main_Page)
- Hummus PDF (http://pdfhummus.com/How-To)
- JSON for Modern C++ (https://github.com/nlohmann/json)
- PDF-Writer (https://github.com/galkahana/PDF-Writer)
- PNGWriter (https://github.com/pngwriter/pngwriter)
- pugixml 1.8 quick start guide (https://pugixml.org/docs/quickstart.html)
- SQLite (https://www.sqlite.org/docs.html)
- sqlite_modern_cpp (https://github.com/SqliteModernCpp/sqlite_modern_cpp)
- Ziplib wiki (https://bitbucket.org/wbenny/ziplib/wiki/Home)

訳者あとがき

Scott Myersが自身のブログ（http://scottmeyers.blogspot.com/2018/06/interesting-book-modern-c-challenge.html）で本書について述べています。内容の一部を紹介させてもらうと、

> 気に入ったのが次の2点、「モダン」である、C++17の他にC++20にも触れている。そして、「C++」の意味するところが、言語と標準ライブラリだけでなく、サードパーティのクロスプラットフォームライブラリまで含んでいることだ。

と、本書で取り上げている内容を評価紹介し、さらに、本書の最後の問題100について述べます。

> 「画像からある人の顔を識別できるプログラムを書きなさい。最低でも、人の顔の領域と性別を検出する必要があります。情報はコンソールに出力します。画像はディスクファイルからロードします。」人の顔の性別を見分ける機能など標準ライブラリにはありません。（中略）解法は次のような文章で始まる。「これもMicrosoft Cognitive Servicesを使って解ける問題です。Face APIと呼ばれるこのグループは、顔の識別、性別、年齢、感情およびさまざまな顔の特徴や属性の検出、顔の類似度、人の同定、顔の類似度に基づいた写真のグループ分けなどを行うアルゴリズムを提供します。」これこそ、この本の強みだと思う。標準ライブラリの枠を越えて、よく知らなかったライブラリやAPIを教えてくれる。これが、C++による実際のアプリケーション開発に重要なことだ。（後略）

「自分は、コードそのものを見ていないから」と断り書きがありますが、このMyersの紹介からも、この本のポイント、どこが「モダン」なのかがわかると思います。最新の言語機能とライブラリだけでなく、APIも含めて、アプリケーション開発に必要なもの

をどのように揃え、活用するかが述べられているわけです。

本書自体は、「まえがき」にあるように「実世界の問題を100個集めた問題集」です。プログラミングに限りませんが、多少とも教えるということを体験した人なら、よい問題を作ることの大切さと難しさがよくわかっているはずです。100個の問題が12章に分けられていて、章ごとに解答がコード付きで述べられています。解答の中に、練習問題や発展問題が適宜はさまれています。本書中でも述べられていますが、自分で解答を作ることが重要です。(解答を読むだけでも結構楽しいというのも事実ですが。) この翻訳では、著者の「日本版まえがき」にあるように、コードの多くを「組込みソフトウェア開発向けコーディング作法ガイド」(ESCR)に従うように改訂してあります。

「モダン」な解法の難しいところは、外部のライブラリやAPIに依存するところです。本書でも、翻訳中に、問題99の原書の解法がAPI側の変更により使えなくなっていることが判明しました。原著者と相談した結果、最新のAPIに合わせて解法の部分をコードも含め全面的に変更することになりました。2018年5月発行の原書とは、そこが大きく異なります。また、原書では、`std::experimental::filesystem`がコードで使われていましたが、C++17の現状を踏まえ、`std::filesystem`に置き換えました。

その他にも誤植その他細かいところは、できる限り修正しました。そういうわけで、「日本語版まえがき」にも述べられている通り、「原書よりも優れた」ものになっています。

いつものことですが、原著者のMarius Bancilaさん、オライリー・ジャパンの編集の赤池さん、技術監修のセイコーエプソンの島敏博さん、内容のチェックをしてくださったC++標準化国内委員会主査、日本IBMの安室浩和さん、大岩尚宏さん、藤村行俊さん、大橋真也さん、セイコーエプソン株式会社広丘事業所と札幌ソフトセンターの有志のみなさんに感謝します。妻の黒川容子にも感謝しています。こういった多くの人のおかげで、本書を読者のみなさんにお届けできるようになりました。

索引

数字・記号

A

B

C

D

E

F

H

I

か行

さ行

た行

トゥエイツ予想（Thwaites conjecture）......15

な行

ナルシシスト数（narcissistic number）.......10
ナンバープレートの検証（license plate validation）..40, 49
認証用テキスト付きPNG画像（verification text PNG images）....................190, 203-205
ネットワークとサービス（networking and services）............257-294
値引きした価格を計算（computing order price with discount）......................141, 163
年間の日と週（day and week of year）..69, 73-74
ノード間の最短経路（shortest path between nodes）.......83, 110

は行

バイナリから文字列への変換（binary to string conversion）............39, 41
パスカルの三角形（Pascal's triangle）..55, 57-58
パスワード（password）
　Zipアーカイブ......................189, 199-201
　暗号化..251
　検証..139, 142
　復号..251
　古いファイルの削除........................62-64
　ランダムな生成..................................139
ハッセのアルゴリズム（Hasse's algorithm）..15
日付と時間（date and time）....................69-78
日付を変換（dates transforming）...............52
ビットコイン（bitcoin）................258, 265-270
非同期関数（asynchronous function）..128-130
表形式（tabular）..58
ファイル（file）
　Zipアーカイブ..............................195-201
　圧縮...195-198
　圧縮と解凍.................................189, 195
　暗号化と復号...............................234, 250
　一時ログファイル...............................65-67
　解凍...195-198
　署名......................................234, 253-256
　正規表現にマッチ..................................64
　ディレクトリ内で見つける.............64-65
　ハッシュ......................................248-249
　古いファイルを削除..............................62
ファイルシステム（filesystem）..................55
復号（decoding）
　base64..................................233, 239-245
　ファイル......................................234, 250
符号化（encoding）
　16進表記の数.....................................246
　base64..................................233, 239-245
　数字..207
フレンドリー数（friendly numbers）.............9
プロセスのリスト（process list）.......55, 58-60
ペア作成アルゴリズム（pairwise algorithm）...81, 103
平均評価（average rating)...................81, 102
並行処理（concurrency）...................123-138
並列アルゴリズム（parallel algorithms）...126, 128-130
並列ソートアルゴリズム（parallel sort algorithm）.........124, 130-132
並列変換アルゴリズム（parallel transform algorithm）..............................123, 124-125
変換（converting）
　10進数...2, 13-15
　電話番号......................................81, 98-99
　バイナリから文字列.........................39, 41
　日付..52
　並列変換アルゴリズム.........123, 124-125

ま行

や行

ら行

●著者紹介

Marius Bancila（マリウス・バンキラ）

工業分野やおよび金融分野のソリューションの開発経験15年のソフトウェアエンジニア。著書に『Modern C++ Programming Cookbook』（Packt、2017）がある。主にC++とC#を使ってデスクトップアプリケーションを開発している。

「Nikhil Borkar、Jijo Maliyekal、Chaitanya Nair、Nitin Dasanの諸氏、そしてこの書籍に尽力してくださったPacktの人々に感謝します。また、すばらしいフィードバックを提供し、書籍をより良い方向に導いてくださった査読者の方々にも感謝します。最後に、このプロジェクトに取り組むことをサポートしてくれた私の妻と家族に感謝します。」

●査読者紹介

Aivars Kalvāns

Tieto Latviaのリードソフトウェアアーキテクト。16年以上にわたりCard Suiteカード決済システムに関わる。コアC++ライブラリおよびプログラムの多くのメンテナンスを行う。さらに、C++プログラミングガイドライン、セキュアコーディングのトレーニング、コードレビューも担当。社内のC++開発者ミートアップをまとめ、そこでの講演も行う。

「私の素敵な妻、Aneteと息子のKārlis、Gustavs、そしてLeoへ。人生をより面白くしてくれたことに感謝します。」

Arun Muralidharan

システムおよびフルスタック開発者として8年以上の経験を持つソフトウェア開発者。分散システム設計、アーキテクチャ、イベントシステム、スケーラビリティ、パフォーマンス、プログラミング言語に最も興味を惹かれる。

C++とそのテンプレートメタプログラミングの熱心なファン。自分のエゴを抑えてプログラミングできるC++が好きで、多くの場合でC++を使う。

「長年にわたり多くのことを学ばせてくれたC++コミュニティに感謝します。」

Nibedit Dey

幅広いテクノロジーのバックグラウンドを持つテクノプレナー。医用生体工学の学士号、デジタルデザインと組み込みシステムの修士号を持つ。起業家としての活動を始める前は、数年間、L&T社とTektronix社でさまざまな研究開発を行っていた。8年間にわたり、C++を使った複雑なソフトウェアベースのシステムを構築している。

●訳者紹介

黒川 利明（くろかわ としあき）

1972年、東京大学教養学部基礎科学科卒。東芝㈱、新世代コンピュータ技術開発機構、日本IBM、㈱CSK（現SCSK㈱）、金沢工業大学を経て、2013年よりデザイン思考教育研究所主宰。過去に文部科学省科学技術政策研究所客員研究官として、ICT人材育成やビッグデータ、クラウド・コンピューティングに関わり、現在情報規格調査会SC22 C#、CLI、スクリプト系言語SG主査として、C#、CLI、ECMAScript、JSONなどのJIS作成、標準化に携わっている。他に、IEEE SOFTWARE Advisory Boardメンバー、日本規格協会規格開発エキスパート、標準化アドバイザー、町田市介護予防サポーター、次世代サポーター、カルノ㈱データサイエンティスト、ICES創立メンバー、画像電子学会国際標準化教育研究会委員長として、データサイエンティスト教育、デザイン思考教育、標準化人材育成、地域学習支援活動などに関わる。
著書に、『Service Design and Delivery ― How Design Thinking Can Innovate Business and Add Value to Society』（Business Expert Press）、『クラウド技術とクラウドインフラ ― 黎明期から今後の発展へ』（共立出版）、『情報システム学入門』（牧野書店）、『ソフトウェア入門』（岩波書店）、『渕一博 ― その人とコンピュータ・サイエンス』（近代科学社）など。訳書に『問題解決のPythonプログラミング ― 数学パズルで鍛えるアルゴリズム的思考』、『データサイエンスのための統計学入門 ― 予測、分類、統計モデリング、統計的機械学習とRプログラミング』、『Rではじめるデータサイエンス』、『Effective Debugging』、『Optimized C++ ― 最適化、高速化のためのプログラミングテクニック』、『Cクイックリファレンス第2版』、『Pythonからはじめる数学入門』、『PythonによるWebスクレイピング』、『Effective Python ― Pythonプログラムを改良する59項目』、『Think Bayes ― プログラマのためのベイズ統計入門』（オライリー・ジャパン）、『pandasクックブック ― Pythonによるデータ処理のレシピ』（朝倉書店）、『メタ・マス！』（白揚社）、『セクシーな数学』（岩波書店）、『コンピュータは考える［人工知能の歴史と展望］』（培風館）など。共訳書に『アルゴリズムクイックリファレンス第2版』、『Think Stats第2版 ― プログラマのための統計入門』、『統計クイックリファレンス第2版』、『入門データ構造とアルゴリズム』、『プログラミングC#第7版』（オライリー・ジャパン）、『情報検索の基礎』、『Google PageRankの数理』（共立出版）など。

●技術監修者紹介

島 敏博（しま としひろ）

セイコーエプソン株式会社 松本南事業所 IT推進本部 IT品質・生産技術革新グループ

技術監修：
『Cクイックリファレンス 第2版』（オライリー・ジャパン）
『Optimized C++ ― 最適化、高速化のためのプログラミングテクニック』（オライリー・ジャパン）

Modern C++チャレンジ

C++17プログラミング力を鍛える100問

2019年 2 月15日　　初版第 1 刷発行

著　　者　Marius Bancila（マリウス・バンキラ）
訳　　者　黒川 利明（くろかわ としあき）
技術監修　島 敏博（しまとしひろ）
発 行 人　ティム・オライリー
制　　作　ビーンズ・ネットワークス
印刷・製本　日経印刷株式会社
発 行 所　株式会社オライリー・ジャパン
〒160-0002　東京都新宿区四谷坂町12番22号
Tel　(03)3356-5227
Fax　(03)3356-5263
電子メール　japan@oreilly.co.jp
発 売 元　株式会社オーム社
〒101-8460　東京都千代田区神田錦町3-1
Tel　(03)3233-0641（代表）
Fax　(03)3233-3440

Printed in Japan（ISBN978-4-87311-869-7）
乱丁本、落丁本はお取り替え致します。